El-Sayed Abdeen

Alimentos funcionais

AF671990

El-Sayed Abdeen

Alimentos funcionais

Novos ingredientes e alimentos funcionais

ScienciaScripts

Imprint
Any brand names and product names mentioned in this book are subject to trademark, brand or patent protection and are trademarks or registered trademarks of their respective holders. The use of brand names, product names, common names, trade names, product descriptions etc. even without a particular marking in this work is in no way to be construed to mean that such names may be regarded as unrestricted in respect of trademark and brand protection legislation and could thus be used by anyone.

Cover image: www.ingimage.com

This book is a translation from the original published under ISBN 978-620-8-41589-1.

Publisher:
Sciencia Scripts
is a trademark of
Dodo Books Indian Ocean Ltd. and OmniScriptum S.R.L publishing group

120 High Road, East Finchley, London, N2 9ED, United Kingdom
Str. Armeneasca 28/1, office 1, Chisinau MD-2012, Republic of Moldova, Europe
Managing Directors: Ieva Konstantinova, Victoria Ursu
info@omniscriptum.com

Printed at: see last page
ISBN: 978-620-8-62751-5

Copyright © El-Sayed Abdeen
Copyright © 2025 Dodo Books Indian Ocean Ltd. and OmniScriptum S.R.L publishing group

Índice

Novos ingredientes e alimentos funcionais 2

Efeito do processamento do leite de camelo na estabilidade do ácido orótico . 48

El-sayed Mohamed Abdeen*

* Animal and Poultry Breeding Dept, Dairy science and technology unit, Desert Research Center, Almatariya, Cairo, 1753, Egito

ORCID ID https://orcid.org/0000-0003-0912-2269

saidabdeen7@gmail.com

el-sayed.abdeen@drc.gov.eg

Resumo

O crescente interesse dos consumidores na gestão proactiva da saúde está a impulsionar o desenvolvimento de novos ingredientes e alimentos funcionais. Estes produtos vão para além da nutrição básica, oferecendo efeitos comprovadamente positivos para a saúde. Este capítulo define alimentos funcionais e explora o excitante mundo dos ingredientes funcionais emergentes. Destaca fontes inovadoras, como subprodutos alimentares reciclados (por exemplo, cascas de citrinos, bagaço de maçã), componentes derivados do mar (por exemplo, algas marinhas, microalgas) e até microrganismos cultivados (por exemplo, prebióticos). É discutida a importância das técnicas de processamento, como o encapsulamento, para preservar a funcionalidade dos ingredientes. Embora existam desafios, incluindo a validação rigorosa de alegações de saúde e a garantia de aceitação do consumidor através da palatabilidade e acessibilidade, o futuro parece brilhante. Os avanços na impressão 3D de alimentos e nas culturas de bioengenharia são promissores para a nutrição personalizada e o fornecimento sustentável de ingredientes. Em última análise, este capítulo enfatiza o potencial de novos ingredientes e alimentos funcionais para revolucionar a forma como abordamos a alimentação e promover a saúde através de escolhas alimentares deliciosas e convenientes.

Palavras-chave: ingredientes de origem vegetal, substitutos da carne, ingredientes de origem microbiana, alternativas às proteínas, gorduras e óleos, substitutos do açúcar, snacks, alternativas aos lacticínios.

1. **Introdução:**

Os ingredientes funcionais são compostos bioactivos como antioxidantes, vitaminas, prebióticos, probióticos e óleos essenciais que oferecem benefícios para a saúde para além da nutrição básica. Os novos alimentos são formulados para conter substâncias ou microrganismos vivos em concentrações seguras e eficazes para melhorar a saúde ou prevenir doenças. Estes alimentos incluem produtos como frutos secos (passas, tâmaras, figos, ameixas), nozes (pinhões, nozes-tigre, amêndoas, pistácios) e leguminosas (alfarroba, feno-grego, favas) com benefícios antioxidantes, anti-inflamatórios e para a saúde intestinal. Os alimentos funcionais incorporam frequentemente probióticos para estimular a função imunitária e a saúde em geral, exigindo estirpes específicas para uma viabilidade e funcionalidade óptimas. A produção de ingredientes alimentares funcionais utilizando tecnologias ecológicas assegura a manutenção da funcionalidade biológica, da qualidade e dos atributos sensoriais, reduzindo simultaneamente o impacto ambiental e os custos[1,2,3,4].

1- 1 O crescente interesse dos consumidores por alimentos funcionais e a necessidade de novos ingredientes.

O interesse dos consumidores pelos alimentos funcionais está a aumentar devido à mudança para opções mais saudáveis e mais nutritivas, enfatizando a inclusão de ingredientes bioactivos para vários benefícios para a saúde. O crescente interesse dos consumidores pelos alimentos funcionais pode ser atribuído a vários factores, tais como o aumento da consciência em relação à saúde, a sensibilização para a relação entre dieta e saúde e o desejo de opções de nutrição mais personalizadas. À medida que os consumidores procuram produtos que ofereçam benefícios adicionais para a saúde para além da nutrição básica, a procura de produtos alimentares inovadores, convenientes e promotores da saúde aumentou significativamente. Isto levou a indústria alimentar a procurar novos ingredientes para satisfazer as necessidades e preferências dos consumidores [10].

1- 2 Breve panorâmica do panorama atual dos alimentos funcionais.

O panorama dos alimentos funcionais está a evoluir rapidamente a nível mundial, com o objetivo de melhorar a saúde e prevenir doenças. Os alimentos funcionais são componentes integrais de várias categorias de alimentos, como frutas, legumes, laticínios, panificação, cereais e produtos cárneos [11]. A indústria expandiu-se para vários sectores, incluindo os suplementos dietéticos, os nutracêuticos e os cosméticos, com uma ênfase significativa no desenvolvimento de produtos destinados a combater a inflamação e as doenças cardiovasculares [12]. A procura de alimentos funcionais por parte dos consumidores está a aumentar, impulsionada por um interesse crescente na saúde e na melhoria do sistema imunitário, particularmente durante eventos como a pandemia da COVID-19. No entanto, a definição e a categorização dos alimentos funcionais continuam a ser complexas, com a necessidade de provas científicas para apoiar as alegações de saúde e de legislação para garantir a proteção dos consumidores [10]. Prevê-se que o mercado dos alimentos funcionais continue a crescer, apresentando oportunidades de inovação e colaboração entre institutos de investigação e a indústria alimentar [13].

2- Novos ingredientes funcionais:

Os ingredientes e alimentos funcionais são económicos, facilmente acessíveis e desempenham um papel significativo na melhoria da saúde e longevidade humanas. Os ingredientes funcionais podem ser obtidos a partir de vários materiais naturais ou sintéticos. Algumas fontes comuns incluem:

- Fontes vegetais: ervas aromáticas, especiarias, frutos, legumes, cereais e leguminosas [5,6].
- Fontes de origem animal: produtos lácteos, ovos, carne, peixe e marisco [7].
- Subprodutos e fluxos de resíduos da indústria alimentar [8].
- Fontes microbianas: probióticos, prebióticos e pós-bióticos [9].

Os ingredientes funcionais podem ser incorporados numa vasta gama de produtos alimentares, incluindo:

- Produtos lácteos (por exemplo, iogurte, queijo)
- Produtos de padaria (por exemplo, pão, bolachas)
- Bebidas (por exemplo, sumos, batidos)
- Produtos de carne e peixe (por exemplo, salsichas, salmão fumado)
- Snacks (por exemplo, barras de proteínas, chips funcionais)

Os ingredientes e alimentos funcionais são importantes pelas seguintes razões:

1. Procura por parte dos consumidores: O crescente interesse pela saúde e bem-estar impulsiona a procura de produtos funcionais.

2. Benefícios para a saúde: Podem apoiar a saúde geral, reduzir o risco de doenças crónicas e melhorar o desempenho físico e mental.
3. Inovação: Incentivam a indústria alimentar a desenvolver novos produtos com benefícios acrescidos para a saúde.
4. Conveniência: Oferecem aos consumidores uma forma fácil e agradável de apoiar a sua saúde através de escolhas dietéticas.
5. Preocupações com a saúde: Podem abordar vários problemas de saúde, incluindo a saúde cardiovascular, a saúde gastrointestinal, a função cognitiva, a gestão do peso, a função imunitária, a saúde óssea, a inflamação e o stress oxidativo.

Probiotics	Gut health improvement	Yogurt, kefir, fermented foods (kimchi, sauerkraut), probiotic supplements .
Fiber	Digestive health, weight management	Whole grains, fruits, vegetables, legumes .
Antioxidants	Oxidative stress reduction	Berries (blueberries, strawberries), dark leafy greens, nuts, seeds .
Plant sterols	Cholesterol lowering	Fortified foods (margarine, orange juice), nuts, seeds, legumes .
Vitamin D	Bone health, immune function	Fatty fish (salmon, tuna), fortified dairy products, sunlight exposure .
Curcumin	Anti-inflammatory, antioxidant	Turmeric spice, curry powder, turmeric supplements .

Source[14,15,16,17,18,19]

Quadro 1. Ingredientes funcionais

O quadro (1) apresenta exemplos de ingredientes funcionais, os benefícios para a saúde que lhes estão associados e as fontes alimentares mais comuns onde podem ser encontrados. Os alimentos funcionais que contêm estes ingredientes podem oferecer vantagens adicionais para a saúde, para além da nutrição básica.

2- 1 Ingredientes emergentes à base de plantas:

As proteínas de origem vegetal, como a ervilha, a soja, o arroz e o cânhamo, oferecem uma alternativa sustentável e económica às proteínas animais, com várias funcionalidades e aplicações na indústria alimentar. Estas proteínas podem ser modificadas através de processos como a hidrólise controlada para melhorar a solubilidade e as propriedades de superfície [20]. Diferentes proteínas vegetais apresentam caraterísticas únicas quando utilizadas em gelados veganos, com impacto em factores como a cor, a textura e as propriedades sensoriais [21]. Compreender as funcionalidades das proteínas de origem vegetal, incluindo a cor, o sabor, a textura e a solubilidade, é crucial para o sucesso da sua utilização em produtos alimentares [22]. As propriedades físico-químicas dos isolados proteicos de ervilha, juntamente com as proteínas do trigo e da soja, influenciam as qualidades texturais dos produtos análogos de carne à base de plantas, realçando a importância da funcionalidade das proteínas no desenvolvimento de produtos [23]. Podem ser utilizados vários métodos de isolamento e purificação para extrair proteínas de fontes vegetais para aplicações industriais como substitutos de produtos lácteos e análogos de carne [24].

2-2 Propriedades funcionais dos ingredientes de origem vegetal.

Os ingredientes à base de plantas, como o açafrão, são ricos em antioxidantes, que desempenham um papel crucial no combate ao stress oxidativo [25,26,27]. O açafrão contém compostos bioactivos como a crocina, a safranina e a picrocrocina, que contribuem para a sua potente atividade antioxidante [28]. Estes antioxidantes ajudam a reduzir o risco de vários problemas de saúde, como doenças das artérias coronárias, hipertensão e inflamação [29]. Além disso, verificou-se que os extractos de açafrão aumentam a atividade antioxidante das emulsões, indicando o seu potencial em produtos de cuidados da pele. Além disso, as propriedades antioxidantes do açafrão têm sido associadas à sua capacidade de eliminar os radicais livres, protegendo a pele do stress oxidativo e mantendo a sua integridade. De um modo geral, os ingredientes à base de plantas, como o açafrão, oferecem propriedades funcionais valiosas devido ao seu conteúdo antioxidante, tornando-os benéficos tanto para aplicações alimentares como de cuidados da pele.

2-3Inovações em substitutos de carne e alternativas aos lacticínios à base de plantas

As inovações nos substitutos de carne e alternativas aos lacticínios à base de plantas estão a evoluir rapidamente para satisfazer a procura crescente de opções alimentares sustentáveis e saudáveis. A fermentação de precisão está a melhorar os perfis sensoriais e nutricionais dos produtos à base de plantas, oferecendo uma experiência semelhante à da carne/leite [30]. As emulsões, incluindo os tipos micro, nano e macro, estão a ser utilizadas para criar alimentos com caraterísticas melhoradas e melhores perfis lipídicos, especialmente em produtos à base de carne, lacticínios e vegetais [31]. A área dos produtos alternativos de origem animal é diversificada, com produtos de origem vegetal e derivados de células cultivadas a ganharem força, embora existam desafios na substituição total de ingredientes de origem animal por ingredientes de origem vegetal [32]. Os investigadores estão a explorar várias tecnologias, como a fermentação de precisão, os andaimes e a simulação de fibras musculares, para desenvolver produtos alternativos à carne, ao leite, ao queijo e aos ovos a partir de fontes vegetais, com o objetivo de ultrapassar limitações como os sabores estranhos e as inadequações nutricionais [33]. As propriedades tecno-funcionais e os parâmetros de processamento desempenham um papel crucial na garantia da qualidade e segurança dos substitutos de leite e carne de origem vegetal [34].

2- Ingredientes de base microbiana

Os ingredientes de base microbiana estão a ganhar uma atenção significativa no campo dos alimentos funcionais pelos seus potenciais benefícios para a saúde e métodos de produção sustentáveis. Estes ingredientes são derivados de microrganismos, tais como bactérias, leveduras e algas, e podem incluir probióticos, enzimas, vitaminas e compostos bioactivos. Aqui estão alguns pontos-chave sobre os ingredientes de base microbiana:

3- 1 Prebióticos:

Os prebióticos proporcionam benefícios significativos para a saúde, promovendo o crescimento de bactérias intestinais benéficas, melhorando a saúde digestiva e reforçando o sistema imunitário [35]. A investigação demonstra que as farinhas de tomate, processadas através de aquecimento convencional e óhmico, apresentam propriedades prebióticas notáveis, modulando a microbiota intestinal [36]. Estas descobertas sugerem que a incorporação de prebióticos na dieta pode apoiar a saúde intestinal e potencialmente prevenir doenças relacionadas. Os ingredientes funcionais promovem a saúde para além da nutrição básica, com destaque para as proteínas de origem vegetal, os antioxidantes e os substitutos inovadores [37]. As técnicas de encapsulamento aumentam a estabilidade e a biodisponibilidade destes ingredientes [38]. O interesse do consumidor em alimentos funcionais está a crescer, necessitando de novos ingredientes para satisfazer as exigências em evolução. Prevêem-se avanços futuros na nutrição personalizada e no abastecimento sustentável. Os prebióticos, como a xilana, desempenham um papel crucial na promoção da saúde do microbioma intestinal e do bem-estar geral [39].

3-2 Probióticos:

Os probióticos são importantes para a saúde intestinal e podem ter potencial para prevenir doenças neurológicas como a esquizofrenia, regulando o microbioma intestinal [40]. Podem também ajudar a combater a resistência microbiana aos antibióticos quando combinados com prebióticos, funcionando como alimentos funcionais [41]. Os probióticos, incluindo as bactérias do ácido lático e os bacilos, oferecem benefícios na melhoria da saúde intestinal nos seres humanos e na aquacultura [42].

3-3 Pós-bióticos

Os pós-bióticos referem-se aos compostos bioactivos produzidos pelos microrganismos probióticos durante a fermentação. Ao contrário dos probióticos, que são bactérias vivas benéficas, os pós-bióticos são os subprodutos metabólicos ou produtos finais destas bactérias. Incluem uma variedade de substâncias, tais como ácidos gordos de cadeia curta, péptidos, polissacáridos, fragmentos da parede celular e outros ácidos orgânicos que podem conferir benefícios para a saúde do hospedeiro[43].

Os futuros avanços na nutrição personalizada centram-se nos pós-bióticos, adaptando as fórmulas aos microbiomas individuais e aos perfis de saúde para uma saúde optimizada. Os ácidos gordos de cadeia curta (SCFAs) são pós-bióticos importantes para a saúde intestinal humana, influenciando a inflamação, a função de barreira e as vias metabólicas [44]. Os pós-bióticos enriquecidos com minerais são promissores no tratamento da disbiose intestinal e na melhoria da absorção de minerais [45], ajudando na gestão da saúde intestinal.

3-4 Enzimas:

As enzimas microbianas são utilizadas no processamento de alimentos para melhorar o perfil nutricional e as propriedades funcionais dos alimentos. Por exemplo, as amilases, proteases e lipases são enzimas produzidas por microrganismos que ajudam na digestão e decomposição do amido, proteínas e gorduras, respetivamente [46].

3-5 Biomassa de algas:

A biomassa de algas tem um potencial significativo para várias aplicações, incluindo a produção de zeaxantina e biodiesel. Kim (2023) demonstra a produção microbiana de zeaxantina utilizando biomassa de algas e glicerol residual através de *Cellulophaga omnivescoria* MSK1[47]. Verma (2023) explora a utilização de bio-nanopartículas para a transesterificação de biomassa de algas em biodiesel [48]. Ambos os estudos destacam métodos inovadores para a utilização da biomassa de algas, contribuindo para processos de produção sustentáveis e acrescentando valor a materiais residuais.

A biomassa de algas é um recurso renovável promissor para a produção de biodiesel. Das (2024) salienta o seu potencial como solução ecológica para as necessidades energéticas globais, destacando o seu estado atual e as suas vantagens em relação aos combustíveis tradicionais [49]. Rony (2023) analisa os processos químicos e bioquímicos envolvidos na conversão da biomassa de algas em combustíveis renováveis, sublinhando a eficiência e sustentabilidade destes métodos [50]. Estas microalgas são consideradas fontes sustentáveis e amigas do ambiente de ingredientes funcionais, podendo ser incorporadas numa variedade de produtos alimentares, incluindo bebidas, snacks e suplementos dietéticos [51].

3-6 Compostos bioactivos:

Os compostos bioactivos são fitoquímicos presentes nos alimentos que regulam os processos metabólicos e contribuem para melhorar a saúde. Têm os seguintes efeitos positivos: B. atividade antioxidante, inibição ou indução de enzimas, inibição da atividade de recetores, indução e inibição de genes [52]. A bioacessibilidade e a biodisponibilidade de cada composto bioativo variam muito, e o composto mais abundante no fruto consumido não é necessariamente aquele que resulta na concentração mais elevada do metabolito ativo no tecido alvo [53]. De facto, a biodisponibilidade nem sempre é bem compreendida quando se estuda o papel dos compostos bioactivos na saúde humana [54]. Os compostos bioactivos encontram-se em frutos, legumes e cereais integrais [55]. Incluem classes de compostos altamente heterogéneos (compostos polifenólicos, carotenóides, tocoferóis, fitoesteróis e compostos organossulfurados) com diferentes estruturas químicas (hidrofílicas ou lipofílicas), distribuição na natureza (específica das espécies vegetais ou ubíqua) e gamas de concentração nos alimentos e regimes alimentares. Local de ação no corpo humano, eficácia contra espécies oxidantes, especificidade e efeitos biológicos [56]. Vários factores afectam a biodisponibilidade dos antioxidantes: B. fonte alimentar, ou interações químicas entre os fitoquímicos e as biomoléculas presentes [57]. Por exemplo, os antioxidantes encontrados nos frutos são frequentemente misturados com várias macromoléculas, tais como hidratos de carbono, lípidos e proteínas, para formar uma matriz nutricional. Nos tecidos vegetais, os hidratos de carbono são os compostos mais importantes, principalmente nas formas livres e conjugadas [58].

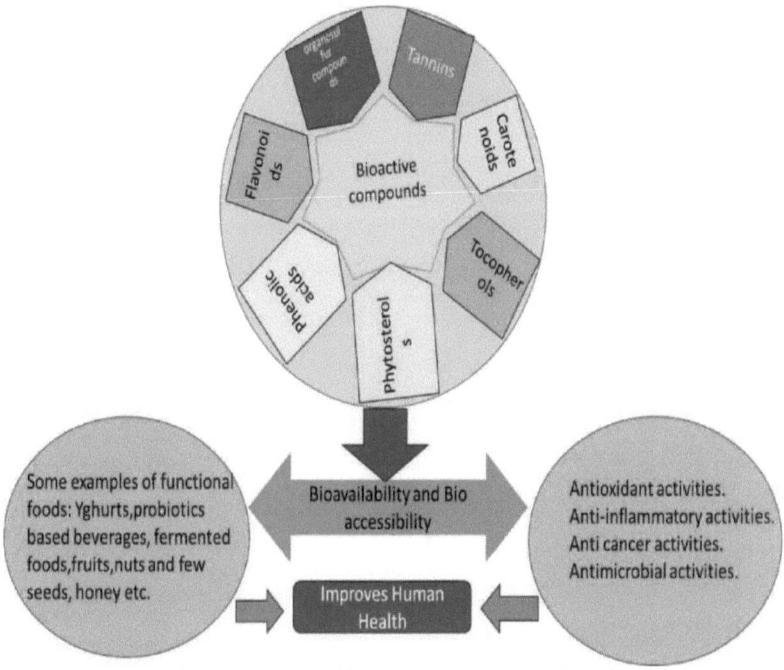

Fig.1. compostos bioactivos de alimentos com potenciais benefícios para a saúde, adaptado por [58].

4- Gorduras e óleos funcionais

Os ácidos gordos ómega 3, o óleo MCT e o óleo de abacate desempenham um papel crucial nos alimentos funcionais. Os PUFA ómega 3, presentes no peixe e em suplementos, podem reduzir o declínio cognitivo e beneficiar a saúde cardiovascular, especialmente em indivíduos com DAC [59,60]. O óleo MCT, conhecido pela sua fonte de energia rápida, é benéfico para a função cognitiva e para a gestão do peso [61]. O óleo de abacate, rico em ácido oleico e antioxidantes, oferece benefícios funcionais como a modulação lipídica e o aumento da qualidade no processamento de alimentos [62]. Estas gorduras e óleos funcionais contribuem para a saúde cardiovascular, reduzindo os níveis de colesterol mau e diminuindo o risco de doenças crónicas. A sua incorporação nos regimes alimentares pode aumentar o valor nutricional, melhorar a função cognitiva e apoiar o bem-estar geral. Esta informação adicional abrange a composição, o metabolismo, a suplementação, as aplicações, os efeitos secundários e os aspectos de sustentabilidade dos ácidos gordos ómega 3, do óleo MCT e do óleo de abacate. Fornece uma compreensão mais abrangente destas gorduras e óleos funcionais para vários fins, desde a suplementação de saúde a aplicações culinárias e cosméticas, ao mesmo tempo que aborda potenciais preocupações e considerações. À medida que a investigação continua a descobrir os benefícios para a saúde destas gorduras e óleos funcionais, estes podem tornar-se componentes cada vez mais importantes de uma dieta saudável. A incorporação de uma variedade destes óleos nas refeições e nos cozinhados pode ajudar a tirar partido das suas propriedades nutricionais únicas e apoiar o bem-estar geral[63].

Oil	Nutritional Components	Health Benefits
Omega-3 Fatty Acids	EPA, DHA, ALA	Cardiovascular health, cognitive function].
MCT Oil	Medium-chain triglycerides (caprylic acid, capric acid, lauric acid)	Energy source, weight management, cognitive function .
Avocado Oil	Monounsaturated fats, vitamin E, phytosterols	Cardiovascular health, inflammation reduction].
Olive Oil	Monounsaturated fats, polyphenols	Cardiovascular health, glycemic control .
Coconut Oil	Medium-chain triglycerides (lauric acid)	Weight management, antimicrobial properties.
Flaxseed Oil	Alpha-linolenic acid (ALA), lignans	Cardiovascular health, inflammation reduction.
Pumpkin Seed Oil	Monounsaturated fats, antioxidants	Cholesterol levels, weight management, inflammation reduction .
Hazelnut Oil	Monounsaturated fats, vitamin E, phytosterols	Cardiovascular health, inflammation reduction
Sacha Inchi Oil	Alpha-linolenic acid (ALA)	Cardiovascular health, inflammation reduction.

Oil	Nutritional Components	Health Benefits
Green Tea Seed Oil	Monounsaturated fats, catechins, polyphenols	Weight management, inflammation reduction.
Walnut Oil	Omega-3 fatty acids, antioxidants	Cardiovascular health, inflammation reduction .
Pomegranate Seed Oil	Punicic acid, polyunsaturated fatty acids	Cholesterol levels, inflammation reduction
Perilla Seed Oil	Alpha-linolenic acid (ALA), antioxidants	Cardiovascular health, inflammation reduction
Apricot Kernel Oil	Monounsaturated fats, vitamin E	Skin health, potential anti-cancer properties
Cranberry Seed Oil	Omega-3 fatty acids, antioxidants	Cardiovascular health, inflammation reduction
Macadamia Nut Oil	Monounsaturated fats, antioxidants	Cholesterol levels, inflammation reduction, weight management
Rice Bran Oil	Monounsaturated and polyunsaturated fats, antioxidants	Cardiovascular health, inflammation reduction
Almond Oil	Monounsaturated fats, vitamin E	Cardiovascular health, glycemic control
Chia Seed Oil	Alpha-linolenic acid (ALA), antioxidants	Cardiovascular health, inflammation reduction
Peanut Oil	Monounsaturated and polyunsaturated fats, antioxidants	Cholesterol levels, inflammation reduction
Sesame Seed Oil	Monounsaturated and polyunsaturated fats, antioxidants	Cardiovascular health, inflammation reduction .
Sea Buckthorn Oil	Monounsaturated and polyunsaturated fats, antioxidants	Cardiovascular health, inflammation reduction, skin health .
Camelina Oil	Alpha-linolenic acid (ALA), antioxidants	Cardiovascular health, inflammation reduction

Oil	Nutritional Components	Health Benefits
Grapeseed Oil	Polyunsaturated fats, vitamin E	Cholesterol levels, inflammation reductio n, skin health
Pistachio Oil	Monounsaturated fats, antioxidants	Cardiovascular health, inflammation redu ction
Hemp Seed Oil	Omega-3 and omega-6 fatty acids, antioxidants	Cardiovascular health, inflammation redu ction, skin health
Sunflower Seed Oil	Monounsaturated and polyunsaturat ed fats, vitamin E	Cholesterol levels, inflammation reductio n
Argan Oil	Monounsaturated fats, vitamin E, a ntioxidants	Cardiovascular health, skin health
Evening Primro se Oil	Gamma-linolenic acid (GLA), antioxidants	Hormone regulation, skin health, inflamm ation reduction
Black Seed Oil	Polyunsaturated fats, antioxidants	Cardiovascular health, inflammation redu ction, immune system support

Tabela 2. Óleos funcionais adaptados de[58,59,60,64,65,66,67,68,69,70,71,72] Esta tabela **(2)** fornece uma visão geral dos óleos funcionais adicionais, oferecendo um olhar abrangente sobre os componentes nutricionais e potenciais benefícios para a saúde associados a estes óleos. Lembre-se de incorporar uma variedade destes óleos na sua dieta para obter uma gama diversificada de nutrientes e propriedades promotoras de saúde.

5- Novos edulcorantes e substitutos do açúcar:

A procura de novos edulcorantes e substitutos do açúcar é um campo dinâmico impulsionado pela procura de alternativas mais saudáveis na indústria alimentar [73,74,75]. A investigação destaca a importância das propriedades moleculares, tais como a conetividade molecular, a composição e a forma, na determinação da doçura e da doçura relativa dos compostos, ajudando no desenvolvimento de modelos de aprendizagem automática para a classificação e previsão de edulcorantes. Os estudos destacam a mudança para substitutos do açúcar a partir de fontes naturais, como matérias-primas que contêm amido, mostrando o potencial dos xaropes de glucose-frutose como substitutos da sacarose e o desenvolvimento de tecnologias inovadoras para a produção de xarope de açúcar a partir de várias fontes. Além disso, os aspectos sensoriais de produtos como compotas e geleias podem ser melhorados através da mistura de edulcorantes naturais e artificiais, com o xilitol e a estévia a surgirem como substitutos promissores da sacarose, oferecendo alternativas sensorialmente amigáveis, com baixo teor de açúcar ou sem açúcar. Globalmente, a exploração de novas moléculas através de tecnologias avançadas como a aprendizagem automática é promissora para a conceção de compostos mais seguros e mais doces, contribuindo para a evolução do mercado dos edulcorantes. Estes edulcorantes naturais oferecem uma alternativa sem açúcar para quem procura reduzir a ingestão de açúcar adicionado. Vamos mergulhar nas suas caraterísticas:

Aplicações na redução de açúcares adicionados:

- **Os três** edulcorantes podem ser utilizados em várias aplicações para reduzir os açúcares adicionados. Eles são ideais para:
    - Adoçar bebidas como o café, o chá e os batidos.
    - Cozinhar bolachas, bolos e muffins sem açúcar. (Nota: Podem afetar o dourado e a textura na cozedura, pelo que poderão ser necessários alguns ajustes na receita).

- Adoçar iogurtes, papas de aveia e outras opções de pequeno-almoço.

Attribute	Stevia	Monk Fruit	Erythritol
Sweetness	200-400 times sweeter than sucrose	100-250 times sweeter than sucrose	60-80% as sweet as sucrose
Caloric Content	Virtually calorie-free	Virtually calorie-free	Nearly calorie-free
Glycemic Index	0	0	0

Attribute	Stevia	Monk Fruit	Erythritol
Safety	Generally recognized as safe (GRAS)	Generally recognized as safe (GRAS)	Generally recognized as safe (GRAS)
Allergies	Rare, potential allergies for some	Rare, potential allergies for some	Rare, potential allergies for some
Source	Extracted from the leaves of the Stevia rebaudiana plant	Extracted from monk fruit (Siraitia grosvenorii)	Produced by fermenting glucose with yeast
Taste Profile	Intensely sweet with a slightly bitter or licorice-like aftertaste; some refined versions minimize aftertaste	Intensely sweet with a clean taste profile, lacking bitter aftertaste	Less sweet than sugar, with a clean, sweet taste; no bitter aftertaste
Texture	Powdered or liquid; can have a slight gritty texture in larger quantities	Powdered form; dissolves easily in liquids	Similar texture to sugar; dissolves easily in liquids
Availability	Widely available in powdered and liquid forms in grocery and health food stores	Increasingly available in grocery stores and online retailers	Widely available in grocery and health food stores
Cost	Generally more expensive than sugar on a per-ounce basis, but a	Can be more expensive than sugar but may be more affordable	Often more affordable than other natural sweeteners

Attribute	Stevia	Monk Fruit	Erythritol
	little goes a long way	than some other natural sweeteners	
Applications	Commonly used in beverages, dairy products, baked goods, and as a tabletop sweetener	Used in a variety of products including beverages, condiments, desserts, and baking mixes	Widely used in baked goods, candies, chewing gum, and sugar-free products
Brand Examples	Truvia, PureVia, SweetLeaf	Lakanto, Monk Fruit In The Raw	Swerve, So Nourished, NOW Foods
Use in Cooking	Suitable for both cold and hot recipes; may require adjustments for baking due to lack of bulk	Suitable for a wide range of recipes without adjustments; provides bulk and texture	Suitable for baking and cooking; may require adjustments due to less sweetness than sugar
Stability	Stable at high temperatures but may degrade slightly with prolonged heating	Stable at high temperatures; does not lose sweetness or degrade with cooking	Stable at high temperatures; does not lose sweetness or degrade with cooking
Combination with Other Sweeteners	Often combined with other sweeteners like erythritol or xylitol	Can be used alone or combined with other sweeteners for desired sweetness level	Often combined with other sweeteners like stevia or monk

Attribute	Stevia	Monk Fruit	Erythritol
	to improve taste and texture		fruit to balance sweetness
Metabolism	Poorly absorbed by the body; excreted unchanged in urine	Poorly absorbed by the body; excreted unchanged in urine	Absorbed in the small intestine and excreted unchanged in urine
Cooling Effect	May impart a slight cooling sensation in the mouth, especially in higher concentrations	May have a slight cooling effect similar to mint	May have a cooling effect when consumed in high concentrations
Stability in Storage	Stable for extended periods; does not degrade over time	Stable for extended periods; does not degrade over time	Stable for extended periods; does not degrade over time
Regulatory Status	Approved as a food additive by regulatory agencies such as the FDA, EFSA, and others	Approved as a food additive by regulatory agencies such as the FDA, EFSA, and others	Approved as a food additive by regulatory agencies such as the FDA, EFSA, and others
Potential Benefits	Some research suggests potential benefits for blood sugar control and blood pressure management	Limited research suggests potential antioxidant and anti-inflammatory properties	May help reduce calorie intake and promote dental health by reducing sugar consumption

Attribute	Stevia	Monk Fruit	Erythritol
Production Process	Involves extraction of steviol glycosides from stevia leaves, followed by purification	Extracted from monk fruit and processed into powdered form	Produced through fermentation of glucose with yeast, followed by purification
Environmental Impact	Generally considered environmentally friendly due to the use of natural plant sources	Generally considered environmentally friendly due to the use of natural fruit sources	May have a lower environmental impact compared to sugar production, as it requires less land and water
pH Stability	Stable over a wide range of pH levels, making it suitable for acidic and basic recipes	Stable over a wide range of pH levels, making it suitable for various culinary applications	Stable over a wide range of pH levels, making it versatile for cooking and baking
Research Status	Extensively researched for safety and efficacy; ongoing studies on potential health benefits	Limited research on potential health benefits beyond its use as a sweetener	Extensively studied for safety and tolerability; ongoing research on potential health effects

Tabela 3: Substitutos do açúcar [76,77,78]

6- Snacking funcional:

A indústria dos aperitivos está a concentrar-se cada vez mais na incorporação de ingredientes funcionais nos aperitivos para melhorar os seus benefícios para a saúde, mantendo o seu sabor apelativo. Ingredientes funcionais como fibra dietética, óleos polinsaturados, proteínas, vitaminas e minerais estão a ser adicionados aos snacks para melhorar o seu perfil nutricional e promover o bem-estar[79,80]. Estes ingredientes, como os fruto-oligossacáridos, a inulina e os ácidos gordos ómega 3, não só proporcionam benefícios para a saúde, como a melhoria da microbiota intestinal e a redução da inflamação, mas também melhoram o sabor e a textura dos aperitivos [81]. Adicionalmente, a utilização de cereais integrais, leguminosas, legumes e pseudocereais na produção de snacks acrescenta proteínas, hidratos de carbono complexos, fibra alimentar e fitoquímicos, aumentando ainda mais o valor para a saúde dos snacks, ao mesmo tempo que oferece uma variedade de sabores e texturas [82]. A incorporação destes ingredientes funcionais estabelece um equilíbrio entre os benefícios para a saúde e o sabor, tornando os aperitivos mais apelativos para os consumidores que procuram nutrição e prazer nas suas escolhas de aperitivos.

7. Novos ingredientes funcionais em diferentes fontes de leite e alternativas lácteas:

Os alimentos funcionais que incorporam novos ingredientes têm registado um aumento da procura, particularmente nos lacticínios e nas alternativas aos lacticínios, para responder a várias necessidades e preferências dietéticas. Os probióticos, como o Lactobacillus e o Bifidobacterium, são normalmente utilizados em produtos lácteos como o queijo, o iogurte e o gelado [83]. Estes alimentos funcionais têm como objetivo proporcionar benefícios para a saúde para além da nutrição básica, com os probióticos a desempenharem um papel crucial na melhoria da atividade do sistema imunitário e da saúde em geral [84]. Para satisfazer as necessidades dos indivíduos com intolerância à lactose ou restrições dietéticas culturais, estão a ser explorados produtos não lácteos como frutas, legumes, chocolates e carne como matrizes alternativas para a incorporação de probióticos [85]. O desafio reside na manutenção da viabilidade dos probióticos durante a produção, armazenamento e passagem pelo trato gastrointestinal, com tecnologias como a microencapsulação a ganharem destaque para aumentar a proteção e a viabilidade das células [86]. De um modo geral, o desenvolvimento de alimentos funcionais em formas lácteas e não lácteas apresenta um futuro promissor para a criação de produtos inovadores e saudáveis para satisfazer as diversas necessidades dos consumidores.

Novos ingredientes funcionais em várias fontes de leite incluem aditivos vegetais, probióticos, prebióticos, peptídeos bioativos e antioxidantes naturais. Os extractos de plantas são normalmente utilizados para enriquecer as bebidas lácteas, fornecendo vitaminas, minerais e outros compostos benéficos [87]. Probióticos como Lactobacillus e Bifidobacteria são adicionados aos produtos lácteos para melhorar a digestão e os benefícios para a saúde, enquanto os prebióticos promovem a saúde intestinal e o bem-estar geral [88,89]. Os péptidos bioactivos derivados das proteínas do leite no Fig [1] oferecem vantagens adicionais para a saúde e ajudam na digestão da lactose [90]. Além disso, a incorporação de antioxidantes naturais nos produtos lácteos ajuda a prevenir o ranço e prolonga o prazo de validade [91]. Estes ingredientes inovadores contribuem para o desenvolvimento de produtos lácteos funcionais que não só fornecem nutrientes essenciais, mas também oferecem uma gama de benefícios para a saúde, tornando-os uma direção promissora na indústria de laticínios. O leite de camelo, o leite de cabra e o leite de ovelha apresentam perfis nutricionais únicos em comparação com o leite de vaca, particularmente em termos de ingredientes funcionais. O leite de camelo é rico em componentes que promovem a saúde, como lactoferrina, zinco, peptídeos lactoativos e ácidos graxos mono e poliinsaturados, oferecendo benefícios como peptídeos inibidores da ECA, propriedades antidiabéticas, antibacterianas, antioxidantes e anticolesterol [92,93]. O leite de cabra, conhecido pelos seus baixos níveis de alergia, contém vários macro e micro-nutrientes, tornando-o adequado para indivíduos com alergias ao leite de vaca, e os seus produtos como iogurte e queijo oferecem inúmeros benefícios para a saúde [94]. O leite de ovelha, por outro lado, destaca-se com maior teor de gordura e níveis de lactose em comparação com outros leites, tornando-se um potencial substituto para o leite de vaca [95]. As diversas composições destes leites realçam o seu potencial como alimentos funcionais com propriedades distintas de promoção da saúde quando comparados com o leite de vaca tradicional. Os caseinofosfopeptídeos (CPPs) têm o potencial de serem usados como ingredientes alimentares funcionais e nutracêuticos devido à sua capacidade de ligar e solubilizar minerais como o cálcio. Estão disponíveis procedimentos de produção à escala preparatória e os fornecedores multinacionais de ingredientes alimentares oferecem preparações de péptidos enriquecidos em

CPPs. Já estão disponíveis produtos para cuidados dentários que contêm CPP com efeitos anticariogénicos. No entanto, existem provas limitadas de estudos humanos de que o consumo de PPC melhora a biodisponibilidade do cálcio, uma vez que a interação com outros minerais e constituintes da dieta pode afetar a sua eficácia. O formato em que os CPP são consumidos também influencia a sua sobrevivência durante a digestão, o que justifica mais investigação sobre os seus potenciais benefícios em formato de nanocluster. O ácido linoleico conjugado (CLA) encontra-se normalmente nos produtos lácteos e na carne de ruminantes [96].

or Components	Bioactive compounds	Bioactivities observed
α-, β-caseins	Casomorphins	Opioid agonist (Decrease gut mobility, gastric emptying rate; increase amino acids and electrolytes uptake)
α-, β-caseins	Casokinins	ACE inhibitory (Increase blood flow to intestinal epithelium)
α-, β-caseins	Phosphopeptides	Mineral binding (Ca binding; increase mineral absorption,i.e., Ca,P, Zn)
α-, β-caseins	Immunopeptides Casomorphins Casokinins	Immunomodulatory (Increase immune response and phagocytic activity)
αs1-casein	Isracidin	Antimicrobial
αs2-casein	Casocidin	Antimicrobial
κ-casein	Casoxins	Opioid antagonist
κ-casein	Casoplatelins	Antithrombotic

κ-casein ê-caseinglyco-

Probiotic (Growth of Bifidobacteria in GI tract) macropeptide

α-lactalbumin (α-La) Lactorphins

Opioid agonist

β-lactoglobulin (β-La)

Serum albumin Serorphin

Opioid agonist

α-La, β-La and Serum albumin Lactokinins ACE

inhibitory

Immunoglobulins IgG, IgA

Immunomodulatory (Passive immunity)

Immunomodulatory (Increase natural killer cell activity, humoral immune

response, thymocyte trafficking immunological development, and interleukins-6; decrease tumor necrosis factor-α)

Lactoferrin Lactoferrin

Antimicrobial (Increase bacteriostatic inhibition of Fe-dependent

bacteria; decrease viral attachment to and infections of cells)

Probiotic activity (Increase growth of Bifidobacteria in GI tract)

Lactoferrin Lactoferroxins

Opioid antagonist

Oligosaccharides Oligosaccharides

Probiotic (Increase growth of Bifidobacteria in GI tract)

Glycolipids Oligosaccharides

Antimicrobial (Decrease bacterial & viral attachment to intestinal epithelial cells)

Glycolipids Oligosaccharides

Prolactin	Prolactin	Immunomodulatory (Increase lymphocyte and thymocyte trafficking, and immune development)
Cytokines	Interleukins-1,2,6, & 10 Tumor necrosis factor- Interferon-γ Transforming growth Factors-α, β;leukotriene B4 Prostaglandin E2, Fn	Immunomodulatory (Lympocyte trafficking, immune development)
Growth factors	IGF-1, TGF-α, EGF, TGF-β	Organ development and functions
Parathromone-P	PTHrP	Increase Ca^{+2} metabolism and uptake

Adaptado de [97,98,99,100,101].

Resumo:

Este capítulo explora o potencial dos novos ingredientes funcionais para revolucionar a indústria alimentar e satisfazer as necessidades dos consumidores preocupados com a saúde. As conclusões destacam os benefícios das microalgas para os ácidos gordos ómega 3 e antioxidantes, os cogumelos medicinais para o apoio imunitário, os canabinóides para a gestão do stress, as proteínas à base de insectos para a sustentabilidade e as superfrutas menos conhecidas para diversos fitonutrientes. Estes ingredientes não só oferecem benefícios para a saúde, como também contribuem para um movimento mais alargado no sentido da sustentabilidade, do bem-estar e da criatividade culinária. No futuro, as considerações regulamentares e as avaliações de segurança serão cruciais para a adoção generalizada destes ingredientes. Ao incorporar a investigação científica e as percepções dos consumidores, as partes interessadas podem impulsionar a inovação para capacitar os consumidores a fazerem escolhas alimentares informadas que dêem prioridade à saúde e à sustentabilidade. A integração de novos ingredientes funcionais representa uma convergência dinâmica de nutrição, inovação e preferências do consumidor, moldando um cenário alimentar mais saudável e diversificado.

Referências

[1] Akash, Sadanand, Naik, Salgaonkar (2022). Fontes e benefícios para a saúde dos componentes dos alimentos funcionais. doi: 10.5772/intechopen.104091

[2] Reji, J.E., Mathew, L. (2023). Recursos Vegetais e Alimentos Funcionais. In: Sukumaran, S.T., T R, K. (eds) Conservation and Sustainable Utilization of Bioresources. Sustainable Development and Biodiversity, vol 30. Springer, Singapore. https://doi.org/10.1007/978-981-19-5841-0_2

[3] Carsten, Schafer. (2022). Papel dos alimentos funcionais na prevenção de doenças cardiovasculares. doi: 10.1007/978-981-19-2366-1_18

[4] Norman, J., Temple. (2022). Uma definição racional para alimentos funcionais: Uma perspetiva. Frontiers in Nutrition, doi: 10.3389/fnut.2022.957516

[5] McClements, D. J. (2023). Alimentos ultraprocessados à base de plantas: Concebendo a próxima geração de alternativas saudáveis e sustentáveis aos alimentos de origem animal. *Comprehensive Reviews in Food Science and Food Safety, 22(5),* 35313559.

[6] McClements, D. J., & Grossmann, L. (2021). A ciência dos alimentos à base de plantas: Construindo análogos de carne, peixe, leite e ovo de próxima geração. *Revisões abrangentes em ciência alimentar e segurança alimentar, 20* (4), 4049-4100.

[7] Naik, A. S., Jamakhani, M., Vernekar, M. R., & Lele, S. S. (2021). Alimentos de origem animal e vegetal para a saúde e a longevidade. *Nutrição, Alimentação e Dieta no Envelhecimento e Longevidade,* 155-177.

[8] Krzyzostan, M., Wawrzynczak, A., & Nowak, I. (2024). Utilização de Resíduos da Indústria Alimentar e Aplicações do Processo de Fermentação para Criar Produtos Cosméticos Sustentáveis: A Review. *Sustentabilidade, 16(7),* 2757.

[9] Gervasoni, L. F., Gervasoni, K., de Oliveira Silva, K., Mendes, M. E. F., Maddela, N. R., Prasad, R., & Winkelstroter, L. K. (2023). Pós-bióticos em embalagens ativas de alimentos: A contribuição dos nanocompósitos de celulose. *Química e Farmácia Sustentável, 36,* 101280.

[10] René, Crevel. (2023). Novos alimentos e ingredientes: Laws and Regulations Europe. doi: 10.1016/b978-0-12-823960-5.00047-0

[11] Ghazanfar, S., Ali, G. M., Abid, R., Farid, A., Akhtar, N., Batool, N. A., ... & Hameed, Y (2022). *Uma visão geral dos alimentos funcionais.* IntechOpen. doi: 10.5772/intechopen.103978.

[12] Tsoupras, A., Zabetakis, I., & Lordan, R. (2023). Alimentos funcionais: Crescimento, evolução, legislação e perspectivas futuras. Em *Functional Foods and Their Implications for Health Promotion* (pp. 367-377). Academic Press. doi: 10.1016/b978-0-12-823811-0.00003-1

[13] Moliboga, Elena A., Elizaveta V. Sukhostav, Oksana A. Kozlova e Alla V. Zinich. (2022): Análise do mercado de alimentos funcionais:

Aspectos russos e internacionais. 775-786. doi: 10.21603/2074-9414-2022-4-2405.

[14] Hill, C., Guarner, F., Reid, G., Gibson, G. R., Merenstein, D. J., Pot, B., ... & Sanders, M. E. (2014). Documento de consenso de especialistas: A Internacional

Declaração de consenso da Scientific Association for Probiotics and Prebiotics sobre o âmbito e a utilização adequada do termo probiótico. Nature Reviews Gastroenterology & Hepatology, 11(8), 506-514.

[7] Anderson, J. W., Baird, P., Davis Jr, R. H., Ferreri, S., Knudtson, M., Koraym, A., ... & Williams, C. L. (2009). Health benefits of dietary fiber (Benefícios da fibra alimentar para a saúde). Nutrition Reviews, 67(4), 188-205.

[8] Halliwell, B. (2007). Bioquímica do stress oxidativo. Biochemical Society Transactions, 35(5), 1147-1150.

[9] Ras, R. T., Geleijnse, J. M., Trautwein, E. A., & Verschuren, W. M. (2014). Efeito de redução do colesterol LDL de esteróis e estanóis vegetais em diferentes faixas de dosagem: uma meta-análise de estudos controlados randomizados. British Journal of Nutrition, 112(2), 214-219.

[10] Holick, M. F., Chen, T. C., Lu, Z., & Sauter, E. (2007). A vitamina D e a fisiologia da pele: A história da AD-lightful. *Journal of Bone and Mineral Research, 22*(S2), V28-V33.

[11] Hewlings, S. J., & Kalman, D. S. (2017). Curcumina: uma revisão de seus efeitos na saúde humana. Foods, 6(10), 92.

[12] Villaño, D., Gironés-Vilapana, A., Garcia-Viguera, C., & Moreno, D. A. (2022). Desenvolvimento de alimentos funcionais. In *Estratégias de inovação na indústria alimentar* (pp. 193-207). Academic Press. doi: 10.1016/b978-0-323-85203- 6.00017-7

[13] Shahbal, N., Jing, X., Bhandari, B., Dayananda, B., & Prakash, S. (2023). Efeito da hidrólise enzimática na solubilidade e propriedades de superfície de ervilha, arroz, cânhamo e proteínas de aveia: Implicações em altas concentrações de proteínas. *Food Bioscience, 53,* 102515, doi: 10.1016/j.fbio.2023.102515

[14] Hidas, K. I., Nyulas-Zeke, I. C., Szepessy, A., Romvári, V., Gerhart, K., Surányi, J., ... & Darnay, L. (2023). Propriedades físicas do sorvete à base de bebida de cânhamo com diferentes proteínas vegetais goma guar e transglutaminase microbiana. *LWT, 182,* 114865. doi: 10.1016 /j. lwt. 2023.114865

[15] Wang, Y., Kim, W., Naik, R. R., & Selomulya, C. (2023). Funcionalidade das proteínas à base de plantas. Em Engenharia de Sistemas Alimentares à Base de Plantas (pp. 7996). Academic Press. doi: 10.1016/b978-0-323-89842-3.00010-5

[16] Webb, D., Dogan, H., Li, Y., & Alavi, S. (2023). Propriedades físico-químicas e texturização de proteínas de ervilha, trigo e soja por extrusão e sua aplicação em carnes de origem vegetal. *Foods, 12*(8), 1586. doi:

10.3390/foods12081586

[17] K Mistry, K., Sardar, S. D., Alim, H., Patel, N., Thakur, M., Jabbarova, D., & Ali, A. (2022). Proteínas à base de plantas: alternativas sustentáveis. *Plant Science Today, 9*(4), 820-828, doi: 10.14719/pst. 1652

[18] Boukid, F., Hassoun, A., Zouari, A., Tülbek, M. Ç., Mefleh, M., Aït-Kaddour, A., & Castellari, M. (2023). Fermentação para projetar alternativas inovadoras de carne e laticínios à base de plantas. *Foods, 12(5),* 1005.

[19] Espinoza-Leandro, Y. K., Olivera-Montenegro, L., & Paredes-Concepción, P. (2023). Emulsões de carne, laticínios e vegetais: Inovações recentes no desenvolvimento de alimentos funcionais, saudáveis e mais estáveis. *Scientia Agropecuaria, 14*(2), 201-212. doi: 10.17268/sci.agropecu.2023.018

[20] Van Eenennaam, A. L. (2022). Carnes alternativas e factos alternativos. Em *Actas da Conferência da Associação Americana de Profissionais de Bovinicultura* (n.º 55, pp. 78-85). doi: 10.21423/aabppro20228608

[21] Christabel, Tachie, Ifeanyi, D., Nwachukwu, Alberta, N., A., Aryee. (2023). Tendências e inovações na formulação de alimentos à base de plantas. Produção, processamento e nutrição de alimentos, doi: 10.1186/s43014-023-00129-0

[22] Hill, C., Guarner, F., Reid, G., Gibson, G. R., Merenstein, D. J., Pot, B., ... & Sanders, M. E. (2014). A declaração de consenso da Associação

Científica Internacional de Probióticos e Prebióticos sobre o escopo e o uso apropriado do termo probiótico. Nature reviews Gastroenterology & hepatology, 11(8), 506-514.

[23] Gibson, G. R., Hutkins, R., Sanders, M. E., Prescott, S. L., Reimer, R. A., Salminen, S. J., ... & Reid, G. (2017). A declaração de consenso da Associação Científica Internacional de Probióticos e Prebióticos (ISAPP) sobre a definição e o escopo dos prebióticos. Nature reviews Gastroenterology & hepatology, 14(8), 491-502.

[24] Salminen, S., & Wiebe, R. (2021). Pós-bióticos: Um novo termo no bloco. Jornal Internacional de Microbiologia Alimentar, 343, 109169.

[25] Belkaid, Y., & Hand, T. W. (2014). Papel da microbiota na imunidade e inflamação. Cell, 157(1), 121-141.

[26] Cox, L. M., Blaser, M. J., & Mills, D. A. (2017). O papel da microbiota intestinal na imunidade e no metabolismo. The Journal of Allergy and Clinical Immunology, 143(3), 894-906.

[27] Tamang, J. P., Shin, D. H., Jung, S. J., & Chae, S. W. (2016). Propriedades funcionais de microrganismos em alimentos fermentados. *Fronteiras em microbiologia, 7,* 192188.

[28] Saraswat, S. e Ricka (2018) BENEFÍCIOS DOS PREBIÓTICOS PARA A SAÚDE: UMA REVISÃO *Revista indiana de investigação aplicada* <*S*(11),24-26

[29] Coelho, M. C., Costa, C., Roupar, D., Silva, S., Rodrigues, A. S., Teixeira, J. A., & Pintado, M. E. (2023). Modulação da microbiota intestinal por farinhas de tomate obtidas após extração convencional e por aquecimento óhmico e suas propriedades prebióticas. *Alimentos, 12*(9), 1920.

[30] Wegh, C. A., Schoterman, M. H., Vaughan, E. E., Belzer, C., & Benninga, M. A. (2017). O efeito da fibra e dos prebióticos nas crianças distúrbios gastrointestinais e microbioma. *Revisão especializada de gastroenterologia e hepatologia, 11*(11), 1031-1045.

[31] Liu, J., Kandasamy, S., Zhang, J., Kirby, C. W., Karakach, T., Hafting, J., ... & Prithiviraj, B. (2015). Efeitos prebióticos da dieta suplementada com a alga vermelha cultivada Chondrus crispus ou com fruto-oligossacarídeo na imunidade do hospedeiro, microbiota colônica e metabólitos microbianos intestinais. *BMC Complementary and Alternative Medicine, 15,* 1-12.

[32] Naqash, F., Masoodi, F., Dar, B., N., Manzoor, N. (2023) Effect of Degree of Esterification on the Encapsulation Properties and gut Health Potential of Apple Pectin *Journal of Polymers and the Environment 31,* 2424-2433

[33] Ring0, E., Doan, H., Lee, S., Soltani, M., Hoseinifar, S., Harikrishnan, R., Song, S. (2020) Probióticos, bactérias e bacilos do ácido lático: suplemento interessante para a aquicultura *Journal of Applied Microbiology 129*

[34] Kim, M. S., Jeong, S. W., Yang, J. E., & Choi, Y. J. (2023). Produção microbiana de zeaxantina a partir de biomassa de algas e glicerol residual usando uma bactéria marinha agarolítica recém-isolada Cellulophaga omnivescoria MSK1. *Energia & Ambiente,* 0958305X231204032.

[35] Dinu, L. D., Avram, I., Pelinescu, D. R., & Vamanu, E. (2022). Pós-bióticos enriquecidos com minerais: uma nova perspetiva para a terapia microbiana para prevenir e tratar a disbiose intestinal. *Biomedicines, 10*(10), 2392.

[36] Ameen, A., Akram, M. N., Farooq, S., Fatima, M., Raza, H., Naz, R., ... & Hussain, A. (2023). Microbioma intestinal e seu papel no desenvolvimento de transtorno neurológico (esquizofrenia). *Jornal paquistanês de ciências médicas e da saúde, 17*(05), 311-311.

[37] Sharma, S., Bano, A., Gupta, A., Bajpai, P., Lohani, M., & Pathak, N. (2019). Pré e probióticos: Utilização de alimentos funcionais na luta contra a resistência microbiana aos antibióticos. *Descoberta de medicamentos antibacterianos para combater o MDR: compostos naturais, nanotecnologia e novas fontes sintéticas,* 397-425.

[38] Kuddus, M., & Aguilar, C. N. (Eds.). (2021). *Valor agregado em produtos alimentícios e processamento por meio da tecnologia enzimática.* Academic Press.

[39] Verma, M. L., Dhanya, B. S., Wang, B., Thakur, M., Rani, V., &

Kushwaha, R. (2023). Transesterificação mediada por bio-nanopartículas de biomassa de algas para produção de biodiesel. *Sustentabilidade, 16(1),* 295.

[40] Kim, M. S., Jeong, S. W., Yang, J. E., & Choi, Y. J. (2023). Produção microbiana de zeaxantina a partir de biomassa de algas e glicerol residual usando uma bactéria marinha agarolítica recém-isolada Cellulophaga omnivescoria MSK1. *Energia e Ambiente,* 0958305X231204032

[41] Das, S., Goswami, T., Ghosh, A., Bhat, M., Hait, M., Jalgham, R., T., T., L, V., Das, R., Goswami, J., Roymahapatra, G. (2024) Biodiesel from Algal Biomass; Renewable, and Environment-friendly Solutions to Global Energy Needs and its Current Status *ES General*

[42] , Z. I., Mofijur, M., Hasan, M. M., Ahmed, S. F., Badruddin, I. A., & Khan, T. Y. (2023). Conversão de biomassa de algas em combustível renovável: Uma mini revisão dos processos químicos e bioquímicos. *Frontiers in Energy Research, 11,* 1124302.

[43] Muscolo, A., Mariateresa, O., Giulio, T., & Mariateresa, R. (2024). Stress oxidativo: o papel dos fitoquímicos antioxidantes na prevenção e tratamento de doenças. Revista internacional de ciências moleculares, 25(6), 3264.

[44] Rein, M. J., Renouf, M., Cruz-Hernandez, C., Actis-Goretta, L., Thakkar, S. K., & da Silva Pinto, M. (2013). Biodisponibilidade de compostos alimentares bioactivos: Uma jornada desafiadora para a bioeficácia. *Jornal britânico de farmacologia clínica, 75*(3), 588-602.

[45] Kamiloglu, S., Capanoglu, E., & Jafari, S. M. (2022). Uma visão geral dos compostos bioativos alimentares e suas caraterísticas de promoção da saúde. *Retenção de Bioactivos no Processamento de Alimentos,* 3-36.

[46] Yalcin, H., & Çapar, T. D. (2017). Compostos bioativos de frutas e vegetais. Em *Frutas e vegetais refrigerados minimamente processados* (pp. 723745). Springer, Boston, MA.

[47] Galanakis, C. M. (2021). Funcionalidade dos componentes alimentares e tecnologias emergentes. *Foods, 10(1),* 128.

[48] Verghese, M., Willis, S., Boateng, J., Gomaa, A., & Kaur, R. (2021). Efeito do processamento de alimentos no potencial antioxidante, disponibilidade e biodisponibilidade. *Revisão Anual de Ciência e Tecnologia de Alimentos, 12*(1), 307329

[49] Banwo, K., Olojede, A. O., Adesulu-Dahunsi, A. T., Verma, D. K., Thakur, M., Tripathy, S., ... & Utama, G. L. (2021). Importância funcional dos compostos bioactivos dos alimentos com potenciais benefícios para a saúde: Uma revisão das tendências recentes. *Food Bioscience, 43,* 101320.

[50] Francine, K., Welty. (2022). Ácidos gordos ómega 3 e função cognitiva. Opinião atual em lipidologia, doi: 10.1097/MOL.0000000000000862

[51] Welty, F. K. (2023). Omega-3 fatty acids and cognitive function (Ácidos gordos ómega 3 e função cognitiva). *Current Opinion in Lipidology, 34*(1), 12-21. doi: 10.1097/mol.0000000000000862

[52] M., Amrutha, Pavani, Poonam, Singha, Sushil, Kumar, Singh. (2022). Desenvolvimento de óleos comestíveis funcionais enriquecidos com

fitosterol: Estudo das propriedades físicas, químicas, térmicas e estruturais. Jornal de Investigação Científica e Industrial, doi: 10.56042/jsir.v81i05.59585

[53] Li, D., Wang, H., Lv, W., Cheng, Y., & Gong, X. (2020). Benefícios para a saúde dos óleos vegetais dietéticos. Nutrientes, 12(9), 2736.

[54] Song, H., Cong, Z., Wang, C., He, M., Liu, C., & Gao, P. (2022). Progresso da investigação sobre o óleo de noz: Compostos bioactivos, benefícios para a saúde, métodos de extração e utilizações medicinais. *Jornal de Alimentação Biochemistry, 46*(12), e14504.

[63] Yijun, Liu, Qiuyu, Xia, Yang, Qian, Yu, Kuang, Jiameng, Liu e Lijing, Lin. (2023). Efeitos de três métodos de extração em compostos lipídicos de óleo de abacate analisados via UPLC-TOF-MS / MS com OPLS-DA. Foods, doi: 10.3390/foods12061174

[64] Laganà, P., & Illiano, G. C. (2017). Ácidos gordos ómega 3 e ómega 6: o seu papel na promoção da saúde e prevenção de doenças. Jornal de Medicina Clínica, 6(4), 36.

[65] Ghazali, H. M., & Ghazali, F. N. (2018). Óleo de Sacha inchi *(Plukenetia volubilis)*. Óleos e gorduras no mercado, 167-186.

[89] Basu, N., & Nicklas, T. A. (2011). Dietary fatty acid intake among us adults: an updated review with a focus on dietary guidelines and health implications (Ingestão de ácidos gordos na dieta por adultos americanos:

uma revisão actualizada com enfoque nas orientações dietéticas e implicações para a saúde). Nutrition Reviews, 69(9), 513-525.

[66] Yasui, Y. (2017). Novos desenvolvimentos em intervenções dietéticas para a prevenção de doenças cardiovasculares: frutos secos, óleo e peixes gordos. Revista Circulation, 81(5), 625.

[67] Fernández-Galilea, M., Prieto, M. A., Wong, V., & Claro, E. (2019). O óleo de noz modula o microbiota intestinal e melhora o perfil metabólico em ratos Zucker obesos. Nutrientes, 11(5), 1117.

[68] Hamid, N., Mohd Noor, N. B., Haron, A., Hasan, M. F., Adnan, M. S. M., & Ahmad, F. (2020). Potencial de promoção da saúde do óleo de semente de chá verde na atenuação da hipercolesterolemia e do estresse oxidativo. Segurança de processos e proteção ambiental, 135, 190-198.

[69] Zhang, Lu, J., Nam, K., & Serikawa, S., T. (2010). Propriedades antioxidantes e benefícios para a pele do extrato de milho roxo e do seu óleo. Cosmetics and Toiletries, 125(7), 22-27.

[70] Chandran, S., & Karthikeyan, S. (2020). Atividade cardioprotetora do óleo de gergelim contra o infarto do miocárdio em ratos Wistar machos induzidos por isoproterenol. Phytotherapy Research, 34(10), 2416-2423.

[71] Chung, S., Lam, C. K., Yeung, T. W., Ho, S. Y., & Lin, X. M. (2018). Composição química, capacidade antioxidante e digestão in vitro de óleos derivados de subespécies de *Hippophae rhamnoides* (espinheiro-mar) na China. Ciência e Nutrição Alimentar, 6(8), 2473-2480.

[72] Burdge, G. C., Jones, A. E., & Wootton, S. A. (2002). Os ácidos

eicosapentaenóico e docosapentaenóico são os principais produtos do metabolismo do ácido α-linolénico em homens jovens. The British Journal of Nutrition, 88(04), 355-363.

[73] Paoli, A., Rubini, A., Volek, J. S., & Grimaldi, K. A. (2013). Além da perda de peso: uma revisão dos usos terapêuticos de dietas com muito baixo teor de carboidratos (cetogênicas). Revista Europeia de Nutrição Clínica, 67(8), 789.

[74] Ning, Tang. (2023). Tang, N. (2023). Insights sobre modelagem baseada em estrutura química para descoberta de novos adoçantes. *Foods, 12*(13), 2563. doi: 10.3390/foods12132563

[75] Kuzmina, E. I., Egorova, O. S., Akbulatova, D. R., Sviridov, D. A., Ganin,
M . Y., & Shilkin, A. A. (2022). Novos tipos de matérias-primas contendo açúcar para a produção de alimentos. *Food systems, 5*(2), 145-156. doi: 10.21323/2618-97712022-5-2-145-156

[76] Singh, S., Kohli, A., Trivedi, S., Kanagala, S. G., Anamika, F. N. U., Garg,
N . , ... & Jain, R. (2023). A relação controversa entre adoçantes artificiais e saúde cardiovascular. *The Egyptian Journal of Internal Medicine, 55*(1), 43. doi: 10.1186/s43162-023-00232-1

[77] Souza, P. B. A., Santos, M. D. F., Carneiro, J. D. D. S., Pinto, V. R. A., & Carvalho, E. E. N. (2022). O efeito de diferentes edulcorantes substitutos do açúcar nos aspetos sensoriais de conservas de frutos doces: Uma revisão sistemática. *Journal of Food Processing and Preservation, 46*(3), e16291, doi: 10.1111/jfpp. 16291

[78] Capela, J., Correia, J., Pereira, V., & Rocha, M. (2022, julho). Desenvolvimento de abordagens de Deep Learning para prever relações entre estruturas químicas e doçura. Em *2022 Conferência Internacional Conjunta sobre Redes Neurais (IJCNN)* (pp. 1-8). IEEE. doi: 10.1109/ijcnn55064.2022.9891992

[79] Serna-Saldivar, S. O., & Jacobo-Velázquez, D. A. (2022). Implicações Nutracêuticas e de Saúde dos Snack Foods. Em *Snack Foods* (pp. 561-588). CRC Press. Serna-Saldivar, S. O., & Jacobo-Velázquez, D. A. (2022). Nutraceutical and Health Implications of Snack Foods. Em *Snack Foods* (pp. 561-588). CRC Press.. doi: 10.1201/9781003129066-21

[80] Serna-Saldivar, S. O. (2022). Overview and State-of-the-Art of the Snack Food Industry (Visão geral e estado da arte da indústria de snacks). Em *Sn ack Foods* (p p. 1-24). CRC Press. doi: 10.1201/9781003129066-1

[81] Serna-Hernandez, S. O., & Serna-Saldivar, S. O. (2022). Composição Nutricional e Compostos Tóxicos de Snack Foods. *Snack Foods,* 519-560. doi: 10.1201/9781003129066-20

[82] Nazzaro, F. , Cardinale, F. , Cozzolino, A. , Granese, T. e Fratianni, F. (2014) Composição de polifenóis e atividade antioxidante de diferentes snacks potencialmente funcionais à base de couve. *Ciências da Alimentação e Nutrição,* **5**, 1145-1152. doi: 10.4236/fns.2014.512124.

[83] Martins, E. M. F., Benevenuto, W. C. A. D. N., Martins, A. D. D. O., Junior, A. A. B., De Queiroz, I. C., Dias, T. D. M. C., ... & Martins, M. L. (2022). Atualidades e Tendências no Desenvolvimento de Alimentos Funcionais: Produtos Lácteos e Não Lácteos Probióticos. Em *Avanços em Nutracêuticos e Alimentos Funcionais* (pp. 199-237). Apple Academic

Press. doi: 10.1201/97810032770888

[84] Tsatsaragkou, K., Paximada, P., Protonotariou, S., & Kaltsa, O. (2023). Produção de ingredientes alimentares funcionais usando tecnologias verdes. Em *Química Verde na Agricultura e Produção de Alimentos* (pp. 284-303). CRC Press... doi: 10.1201/9780429289538-13

[85] Fatema R. Saber, Engy A. Mahrous (2023). Novos alimentos funcionais de plantas da região do Mediterrâneo: Abordagens biológicas, químicas e metabolómicas. Ciência alimentar sustentável - uma abordagem abrangente, p. 263277 doi: 10.1016/b978-0-12-823960-5.00032-9

[86] Cássia, P., Barros, Ramon, Silva, Silvani, Verruck, Erick, A., Esmerino, Mônica, Q., Freitas, Marcia, Cristina, Silva, Adriano, G., Cruz. (2022). Alimentos funcionais à base de leite. doi: 10.1002/9781119776345.ch5

[87] Sharma, S., Singh, A., Sharma, S., Kant, A., Sevda, S., Taherzadeh, M. J., & Garlapati, V. K. (2021). Alimentos funcionais como ingredientes de formulação em bebidas: avanços tecnológicos e restrições. *Bioengenharia, 12*(2), 11055-11075, doi: 10.1080/21655979.2021.2005992

[88] Panghal, A., Janghu, S., Virkar, K., & Gat, Y. (2021). Produtos lácteos funcionais: benefícios para a saúde e cenário atual do mercado. Journal of Food Science and Technology, 58(6), 2037-2049.

[89] Plonka, J., & Sobiepanek, A. (2021). O papel atual dos produtos lácteos funcionais na saúde humana. Foods, 10(4), 772.

[90] Gomez-Mascaraque, L. G., Palacios-González, E., & García-López, J. (2019). O papel dos ingredientes funcionais no perfil nutricional dos

alimentos: An Epidemiological Approach. Nutrientes, 11(10), 2333.

[91] Abuajah, C. I., Ogbonna, A. C., & Osuji, C. M. (2015). Produtos lácteos funcionais. Jornal de Processamento e Tecnologia de Alimentos, 6(4), 1-9.

[92] Abd El-Salam, M. H., & El-Shibiny, S. (2019). Uma revisão abrangente sobre a composição, funcionalidade, benefícios para a saúde e potencial de mercado das sementes de tâmaras e seu óleo. Jornal de Composição e Análise de Alimentos, 83, 103040.

[93] Zhao, X., Ye, F., Zhang, J., & Yang, Y. (2020). Desenvolvimentos atuais e desafios de alternativas ao leite à base de plantas. Tendências em Ciência e Tecnologia Alimentar, 99, 499-511.

[94] Yang, L., Zhan, Y., & Li, H. (2021). Alternativas lácteas como portadores de ingredientes funcionais: Uma revisão. Revisões críticas em ciência alimentar e nutrição, 1-24.

[95] Siro, I., Devlieghere, F., Jacxsens, L., & Uyttendaele, M. (2020). Quadro regulamentar e critérios científicos para a validação de alimentos funcionais: uma perspetiva internacional. Tendências em Ciência e Tecnologia Alimentar, 97, 105-120.

[96] Sébédio, J. L., Gnaedig, S., & Chardigny, J. M. (1999). Avanços recentes na investigação do ácido linoleico conjugado. *Current Opinion in Clinical Nutrition & Metabolic Care, 2*(6), 499-506.

[97] Schanbacher, F. L., Talhouk, R. S., Murray, F. A., Gherman, L. I., and Willet, L. B. (1998) Milk-born bioactive peptides.Int. Dairy J. 8, 393-403.

[98] Meisel, H., & Olieman, C. (1998). Estimativa das constantes de ligação

ao cálcio dos fosfopeptídeos de caseína por eletroforese de zona capilar. *Analytica Chimica Ata, 372*(1-2), 291-297.

[99] Clare, D. A. e Swaisgood, H. E. (2000) Bioactive milk peptides: A prospectus. J. Dairy Sci. 83, 1187-1195.

[100] Park, Y. W. (2009b) Visão geral dos componentes bioactivos do leite e dos produtos lácteos. In: Bioactive Components in Milk and Dairy Products (Componentes Bioactivos no Leite e Produtos Lácteos). Park, Y. W. (ed) Wiley-Blackwell Publishers, Ames, Iowa e Oxford, Inglaterra. pp. 3-14.

[101] Park, Y. W., & Nam, M. S. (2015). Peptídeos bioativos no leite e produtos lácteos: uma revisão. Revista coreana de ciência alimentar de recursos animais, 35(6), 831.

Efeito do processamento do leite de camelo na estabilidade do ácido orótico

El-sayed Mohamed Abdeen*

* Departamento de Criação de Animais e Aves, Centro de Investigação do Deserto,

AlMatariya, Cairo, 1753, Egito

ORCID ID https://orcid.org/0000-0003-0912-2269

Saidabdeen7@gmail.com

Resumo:

O objetivo deste estudo foi avaliar a estabilidade do ácido orótico durante o fabrico e o armazenamento do leite de camelo: congelamento do leite de camelo durante 3 meses a um grau de -18°C, estabilidade do ácido orótico durante o armazenamento e o pH e a acidez não se alteraram durante o armazenamento, Quanto ao tratamento térmico efectuado no leite de camelo a três graus (65, 72 e 80° C), os resultados mostraram que o tratamento térmico a 80° C provocou uma menor alteração da carga microbiana, do pH e da acidez, e uma % de diminuição do ácido orótico durante o armazenamento do leite pasteurizado do que os outros graus estudados. Depois fomos aconselhados a fazer leite de camelo fermentado (pasteurizado a 80° C) com um

Os resultados mostraram que o leite de camelo bio-fermentado não afecta a estabilidade do ácido orótico em comparação com o fermento tradicional durante a fermentação e o armazenamento a uma temperatura de 5° C.

Palavras chave: Leite de camelo, congelação, tratamento térmico, fermentado, ácido orótico

Introdução

As propriedades nutricionais e terapêuticas do leite de camelo têm sido utilizadas para promover a saúde humana[1], sendo preferido por apresentar concentrações mais elevadas de ácidos gordos essenciais, imunoglobulinas, lactoferrina, lactoperoxidase e outros componentes antimicrobianos, bem como de proteínas semelhantes à insulina, do que o leite de outros animais[2]. Embora o mecanismo exato subjacente aos efeitos hipocolesterolémicos do leite de camelo seja ainda desconhecido, foram avançadas várias sugestões, tais como a redução do colesterol causada por interações entre péptidos bioactivos produzidos a partir das proteínas do leite de camelo e o colesterol[3,4] , e a presença de ácido orótico no leite de camelo, que se pensa ser responsável pela redução do nível de colesterol em seres humanos[5-7]. O ácido orótico é o principal componente dos nucleótidos solúveis em ácido no leite de camelo[8], seguido por uma concentração mais baixa no leite de vaca, mas está presente no leite de cabra e de ovelha em concentrações muito mais baixas[9,10]. O ácido orótico também causou fígados gordos em ratos[11-13] e diminuiu o colesterol sérico em humanos[14]. Um valor nutricional mais direto para os seres humanos pode advir do elevado nível de ácido orótico[15] e reduz o risco de doenças cardiovasculares[16]. Estes compostos são utilizados em medicina como bioestimuladores dos processos de troca iónica dos organismos. O intermediário metabólico das pirimidinas, o ácido orótico (OA), tem efeitos cardiovasculares vantajosos através da melhoria da função cardíaca pós-isquémica[17]. O ácido orótico é também crucial para a manutenção da função celular e para a redução da morte celular, o que o torna um potencial método terapêutico para a prevenção e tratamento da diabetes no futuro[18]. A estabilidade térmica do ácido orótico no leite de vaca durante o processamento pode ser de importância prática, embora pouca informação sobre os efeitos do tratamento térmico tenha sido publicada nos seus testes de produção térmica de leite industrial[8]. Concluíram que o teor de ácido orótico do leite não é significativamente afetado pela temperatura de aquecimento, mas sim pela duração do tempo de aquecimento, tal como registado por [19,20], o ácido orótico é metabolizado pelas culturas de arranque do iogurte, muito provavelmente por *L. delbrueckii subsp.bulgaricus* durante o processamento do iogurte em , e o seu teor no leite diminui até 50% [21,22].Além disso, o nível de ácido orótico nos produtos lácteos cultivados depende do grau de fermentação e da quantidade de sólidos solúveis de soro de leite na fórmula, de acordo com[23,24] , e também é importante medir, uma vez que os seus níveis podem ser bons indicadores da qualidade do leite de vaca utilizado[25,26].

Material e métodos:

Materiais

O leite de camelo (sólidos totais 11,0%, proteína 3,2%, gordura 3,4%, acidez 0,15% e pH 6,71) foi recolhido na estação de Matrouh, no Centro de Investigação do Deserto do Egito, e utilizado para preparar leite de camelo fermentado. A cultura clássica (tradicional) de iogurte em cuba direta (DVS) (*L. delbrueckii subsp. bulgaricus* e *Streptococcus thermophilus* **YoFlex® Premium 4.0**, 1:1). As estirpes bacterianas continham 7,7 e 7,4 Log 10 CFU/gm de cultura liofilizada, respetivamente. **Cultura ABT-5** (*L. acidophilus* La-5, *Bifidobacterium* spp. e *S. thermophilus* TH-4, 1:1:1). As estirpes bacterianas continham 8,2, 9,5 e 7,3 Log10 CFU/gm de cultura liofilizada, respetivamente, foi adquirida à Chr. Hansen, Hoersholm, Dinamarca, por Misr Food Addi-tives (MIFAD), Egito.

O estudo foi efectuado em três fases:

Primeiro estudo comparável para estimar o ácido orótico no leite de animais locais (leite de cabra, ovelha, vaca e camelo) e estudar o meu trabalho.

Fase 1: As amostras de leite cru de camelo foram congeladas a -18°C durante 3 meses de armazenamento e a estabilidade do ácido orótico foi analisada durante 1, 2 e 3 meses.

Fase 2: As amostras foram tratadas termicamente em recipientes de vidro, utilizando um banho de água. O tratamento térmico envolveu três combinações de temperaturas: 63°C durante 30 min, 72°C durante 15 seg e, 80 ^{0}C durante 20 seg e arrefecidas imediatamente a 5°C. Foram armazenadas durante 15 dias e analisadas a contagem bacteriana total, o pH, a acidez e a estabilidade do ácido orótico durante 1,5,10 e 15 dias.

Fase 3: O leite fermentado foi preparado com base nos melhores resultados do tratamento térmico. O leite de camelo foi dividido em duas porções. A primeira porção, com cultura de iogurte (tradicional) e a segunda porção com cultura ABT-5. O leite cru de camelo foi aquecido a 80°C durante 20 segundos, depois arrefecido a 37°C e inoculado com 0,02% (p/v) de cultura inicial de iogurte liofilizado comercial e bactérias probióticas (ABT-5), distribuído em recipientes de plástico e incubado a 37°C até o pH atingir 4,7±0,05. As amostras de leite fermentado foram então armazenadas a 5±2°C e a contagem bacteriana total testada, a estabilidade do ácido orótico, a acidez e o pH foram determinados durante a fermentação 2,4,6,8 e 10 horas e após arrefecimento1, 7, 15 e 21 dias de armazenamento.

Métodos de análise: as amostras de leite de camelo foram analisadas quimicamente de acordo com os métodos[27] para os teores de proteínas, gordura e sólidos totais e acidez (como % de ácido lático) e valor de pH.

Ácido orótico por métodos de HPLC

Extração de ácidos oróticos:

A extração dos ácidos oróticos do leite de camelo e do leite de camelo fermentado com **013N** H2SO4 foi necessária para as amostras de leite e centrifugada a 7000× *g* durante 7 min a 5°C. A camada superior foi filtrada através de papel de filtro Whatman n.º 1 e, em seguida, filtrada através de filtros de seringa de 0,45 μm (Millex PVDF Millipore, Billerica, MA, EUA). As separações foram efectuadas num sistema automatizado de cromatografia líquida de alta resolução .

Condições de HPLC

A análise por HPLC foi efectuada com um Agilent série 1260. A separação foi efectuada utilizando Kromasil 60-5-Hilik-D (4,6 mm x 100 mm). A fase móvel consistiu em fosfato de sódio 30 mM (pH=6,7 com ácido fosfórico) +ACN (3:7) a um caudal de 1 ml/min. A fase móvel foi programada consecutivamente num processo isocrático linear e o detetor DAD foi monitorizado a 214 nm. O volume de injeção foi de 2 μl para cada uma das soluções de amostra. A temperatura da coluna foi mantida a 35 °C. As injecções em triplicado foram efectuadas em HPLC. Os pontos de dados das curvas de calibração foram submetidos a uma análise de regressão de mínimos quadrados[28].

Análises microbiológicas:

A contagem de células viáveis foi efectuada pelo método padrão de pour-plate após diluições em série em solução salina (0,85% p/v) de acordo com a American Public Health Association APHA[29]. Os resultados foram expressos em Log cfu/g quando fresco, 5,10,15 e 21 dias de armazenamento para o leite fermentado e 1,5,10 e 15 dias para o leite de camelo aquecido.

Análise estatística

Os dados experimentais foram analisados por meio de análise de variância (ANOVA) e as diferenças significativas entre as médias de uma análise em triplicata a ($P \leq 0,05$) foram analisadas pelo teste de intervalo múltiplo de Duncan (DMRT) usando o software (SPSS,2012).

Resultados e discussão

Quadro (1): média do teor de ácido orótico no leite de várias espécies.

sheep	37.285 ± 1.2^{c}
cows	83.456 ± 0.7^{b}

$^{a,b.\ c,d}$As médias seguidas de letras diferentes na mesma coluna são significativamente diferentes *(P<0,05)*.

Teor de ácido orético em várias espécies de leite:

O teor de ácido orótico de várias espécies de leite é apresentado na tabela (1), onde se pode observar que o leite de camelo registou o valor mais elevado para o teor de ácido orótico (98,357±0,9 pg/ml), seguido pelo leite de vaca, leite de ovelha e leite de cabra (83.456±0,7, 37,285±1,2 e 19,548±1,4), respetivamente, resultados estes que estão de acordo com os de um investigador anterior[23], que referiu que o leite de vaca, ovelha e cabra a meio da lactação continha 82,43±9,64; 30,59±1,71 e 23,87±1,36mg/l de ácido orótico, respetivamente[30]. As variações no teor de ácido orótico das amostras de leite estudadas devem-se a vários factores, incluindo a raça do animal, a fase de lactação da nutrição, os tempos de ordenha, o método de determinação do teor de ácido orótico e, finalmente, podem dever-se ao processo de secreção do leite[31-32].

Efeito do processamento do leite de camelo na estabilidade do ácido orótico:

Alguns agricultores conservam o leite cru de camelo em congeladores até o recolherem e enviarem para a fábrica.

1- Efeito da congelação:

As concentrações médias de ácidos oróticos durante os tratamentos de armazenamento fresco, 0,1,2 e 3 meses de congelamento estão listadas na Tabela 2. Os teores de ácidos oróticos no tempo de armazenamento não foram estatisticamente significativos ($P \leq 0{,}05$), pH e acidez) ácidos (Tabela 1), indicando que o armazenamento congelado alterou significativamente os níveis desses ácidos. As diferenças médias para outros ácidos orgânicos não foram diferentes devido a desvios-padrão elevados. Os autores relataram que vários ácidos orgânicos, tais como os ácidos oxálico, fórmico, cítrico, orótico, úrico, acético, pirúvico, propiónico e lático, três aminoácidos (Asp, Glu e Gly) e três aminoácidos (Asp, Glu e Gly), foram armazenados congelados, causando também aumentos significativos ($P \leq 0{,}05$) nos ácidos fórmico e úrico e diminuições no ácido tartárico no queijo de pasta mole.[33] No entanto, não se registaram efeitos significativos da congelação no conteúdo de ácidos orgânicos no seu queijo Mozzarella de leite de vaca, o que pode dever-se à fonte de leite (vaca versus cabra) ou a diferenças no tipo e composição do queijo.[34]

Tabela (2): Efeito da congelação do leite cru de camelo no pH, na acidez e no ácido orótico durante o armazenamento.

Component	fresh	1-month	2-month	3-month
orotic acid(μg/ml)	98.357±0.008^a	98.341±0.01^a	98.293±0.013^a	98.376±0.007^a
pH	6.66±0.01^a	6.65±0.04^a	6.66±0.005^a	6.64±0.014^a
Acidity(%)	0.15±0.024^a	0.15±0.046^a	0.15±0.034^a	0.15±0.011^a

^{a,}As médias seguidas de letras diferentes na mesma linha são significativamente diferentes *(P<0,05)*.

2- Efeito dos tratamentos térmicos e do tempo de armazenamento:

O efeito do tratamento térmico no teor de ácido orético é apresentado na tabela (3). O valor médio foi de 96,97±0,07, 96,69±0,01 e 97,10±0,04gg/ml para o leite pasteurizado a 1 dia (65°C)-30min, (72°C)-15seg e (80°C)-20seg, respetivamente. Os resultados mostraram que o ácido orótico no leite não é significativamente (p≤0,05) influenciado pelo aquecimento. Estes resultados estão de acordo com descobertas anteriores [8], que relataram que o ácido orótico é muito estável ao tratamento de pasteurização normal. Os resultados mostraram o efeito do tempo de armazenamento na estabilidade do ácido orótico do leite de camelo pasteurizado a diferentes temperaturas (65°C - 30min, 72°C - 15seg e 80°C - 15seg) com diferentes graus significativos (p≤0,05), dependendo da temperatura de pasteurização, o que é explicado pelo desenvolvimento da acidez e da carga microbiana que consome o ácido orótico durante o armazenamento, aumentando assim a acidez significativa e diminuindo o ácido orótico. A redução máxima de ácido orótico mostrada na fig (1) durante o armazenamento (15 dias) a (65°C)-

30min, (72°C)-15seg e (80°C)- 20seg foi (27.59% ,20.71% e 16.74%) respetivamente.

Tabela (3): Efeito dos tratamentos térmicos no pH, na acidez e no teor de ácido orótico do leite de camelo durante o armazenamento:

Treatments	Storage period	orotic acid (µg/ml)	pH	Acidity(%)	TVBC ($\log_{10}$ FU/ml)
(63°C)-30min	1-day	96.97 ± 0.07^{a}	6.69 ± 0.02^{a}	0.15 ± 0.01^{a}	7.97 ± 0.011^{a}
	5-days	89.75 ± 0.01^{d}	6.62 ± 0.05^{b}	0.17 ± 0.01^{b}	8.34 ± 0.21^{b}
	10-days	80.90 ± 0.05^{f}	6.56 ± 0.01^{c}	0.18 ± 0.02^{b}	8.56 ± 0.007^{ab}
	15-days	69.59 ± 0.07^{h}	6.19 ± 0.12^{d}	0.20 ± 0.04^{c}	8.62 ± 0.004^{ab}
(72°C)-15sec	1-day	96.69 ± 0.01^{a}	6.68 ± 0.02^{a}	0.16 ± 0.03^{b}	7.88 ± 0.009^{a}
	5-days	94.27 ± 0.01^{b}	6.65 ± 0.03^{b}	0.17 ± 0.02^{b}	8.08 ± 0.021^{a}
	10-days	87.13 ± 0.03^{e}	6.60 ± 0.16^{c}	0.17 ± 0.01^{b}	8.15 ± 0.060^{a}
	15-days	76.35 ± 0.08^{g}	6.25 ± 0.07^{d}	0.19 ± 0.03^{c}	8.30 ± 0.049^{b}
(80°C)-20 sec	1-day	97.10 ± 0.04^{a}	6.68 ± 0.01^{a}	0.16 ± 0.02^{a}	7.74 ± 0.122^{a}
	5-days	96.03 ± 0.01^{ab}	6.59 ± 0.01^{b}	0.17 ± 0.02^{b}	7.85 ± 0.164^{a}
	10-days	91.86 ± 0.70^{c}	6.47 ± 0.01^{c}	0.18 ± 0.05^{b}	8.08 ± 0.088^{a}
	15-days	80.26 ± 0.22^{f}	6.36 ± 0.02^{d}	0.185 ± 0.03^{b}	8.15 ± 0.154^{b}

^{a,b,c,d,e,f}Médias seguidas de letras diferentes na mesma coluna são significativamente diferentes *(P<0,05)*. TVBC=Contagens totais de bactérias viáveis.

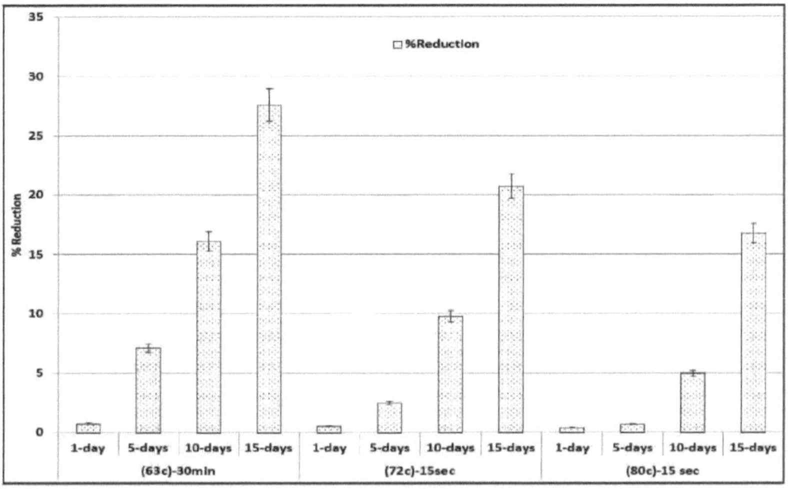

Fig(1) Efeito dos tratamentos térmicos do leite de camelo durante a conservação a frio na redução do ácido orótico.

3- Efeito do tempo de fermentação e do armazenamento a frio:

O leite de camelo fermentado de Camel mlk exibe um tempo de coagulação mais longo comparado com outros leites, o que foi atribuído às diferenças no tamanho e propriedades das partículas de caseína[35]. Comparativamente ao coágulo do leite bovino, o coágulo do leite de camelo contém consistentemente micelas de caseína maiores[36]. Os resultados obtidos revelaram que o leite de camelo fermentado durante a fermentação continha um número total de bactérias de 6,214 e 6,738 log ufc/g de células viáveis de bactérias para o leite de camelo fermentado tradicional (TFCM) e leite de camelo fermentado probiótico (PFCM), respetivamente. Quando ambos os tipos de iogurte foram armazenados, a contagem bacteriana total inicial aumentou consideravelmente ($P \leq 0,05$). A contagem bacteriana total atingiu o seu incremento máximo no 10º dia e, posteriormente, diminuiu significativamente ($P \leq 0,05$) para 7,924 e 8,394 log ufc/g para o TFCM e o

PFCM, respetivamente, e depois começou a diminuir. De acordo com as Figuras 2 e 4, os meios de crescimento em TFCM tornaram-se mais ácidos, o que pode retardar o crescimento bacteriano. Os resultados obtidos estão de acordo com as conclusões [37-39]. As figuras (2 e 3) mostram a evolução do pH, da acidez e da orose, durante a fermentação e armazenamento do iogurte. O ácido lático foi produzido ativamente a partir da 2ª hora de fermentação, e os ácidos oróticos foram consumidos. No nosso estudo, o ácido orótico mostrou uma redução máxima% por volta da 10ª hora de fermentação, cerca de 33,42 e 44,16% para TFCM e PFCM, respetivamente, e 21 dias de armazenamento a frio, 54,99 e 58,53% para TFCM e PFCM, respetivamente, na fig. (4), porque o ácido orótico é um produto intermédio na síntese de nucleótidos e pirimidina livre e forma orotidilato na presença de orotato fosforibosil transferase[40] e um fator de crescimento para as culturas de arranque do iogurte. Esta diminuição foi também registada no leitelho[41] (Marsili. 1981) e no iogurte[22,42]. Estes e outros investigadores [20] registaram uma redução de 45 a 48% no teor de ácido orótico nos produtos fabricados a partir de leite fresco, que permaneceu mais elevado do que nos outros dois lotes devido à maior concentração inicial deste ácido nas amostras de leite fresco. Apesar disso, os ácidos orótico e cítrico foram moderadamente consumidos durante a fermentação e a diminuição do ácido orótico continuou ligeiramente até ao sétimo dia de armazenamento refrigerado. Perfis de acidificação A capacidade de produção de ácido tem efeitos significativos no tempo de processamento e no tempo de armazenamento[43,44]. Para determinar as capacidades de produção de ácido do leite de camelo fermentado probiótico e do leite de camelo fermentado tradicional, o pH e a TA foram monitorizados a cada 2 horas durante a fermentação e após 1, 7, 15 e 21 dias de armazenamento refrigerado a 5°C.

Os perfis de acidificação podem dar uma visão geral dos impactos nos padrões metabólicos dos probióticos e das estirpes tradicionais. Foram observadas tendências semelhantes no declínio do pH em todas as amostras; a taxa máxima de declínio do pH ocorreu 8 a 10 h após o início da fermentação (Figura 2). Os intervalos médios entre a inoculação e a redução do pH para o ponto isoelétrico da caseína no iogurte (pH 4,60) foram de 8 h e 10 h 30 min para as amostras. Assim, a adição de estirpes probióticas (PFCM) pode reduzir ligeiramente o tempo de fermentação. Obviamente, o pH das amostras fermentadas com (PFCM) foi significativamente mais baixo do que o das amostras (TFCM) durante todo o período de armazenamento ($P \leq 0,05$) do que o das outras amostras no final do período de armazenamento[45].

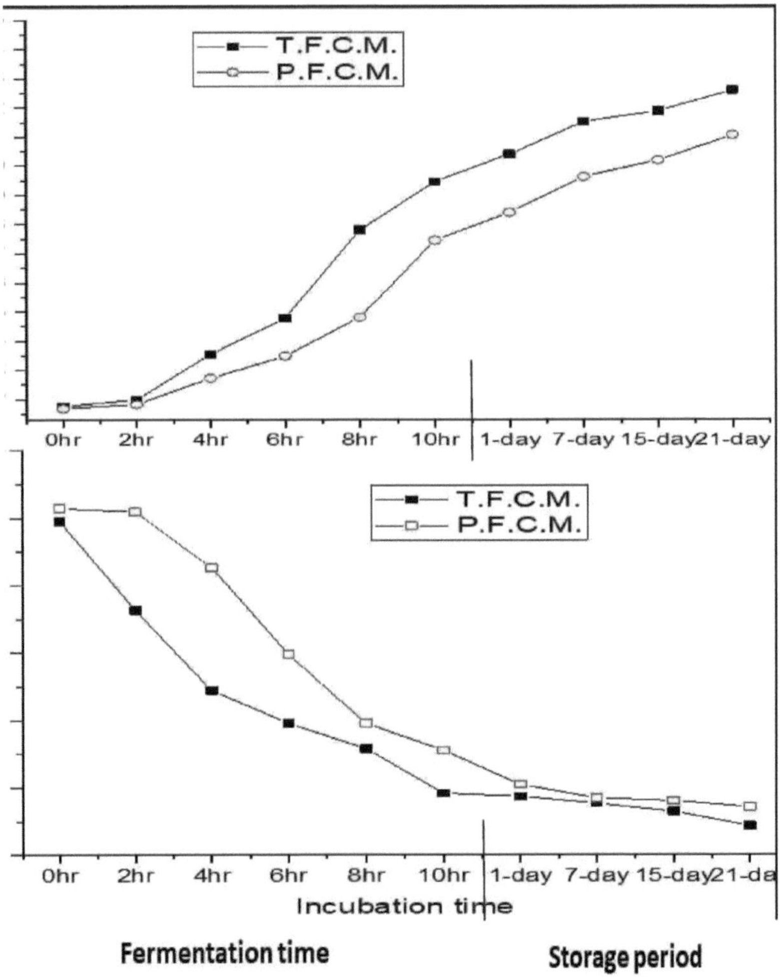

Fig(2): Efeito da fermentação do leite de camelo e do armazenamento a frio no pH e na acidez

T.F.C.M.= Leite de camelo fermentado tradicional; P.F.C.M.= Leite de camelo fermentado probiótico

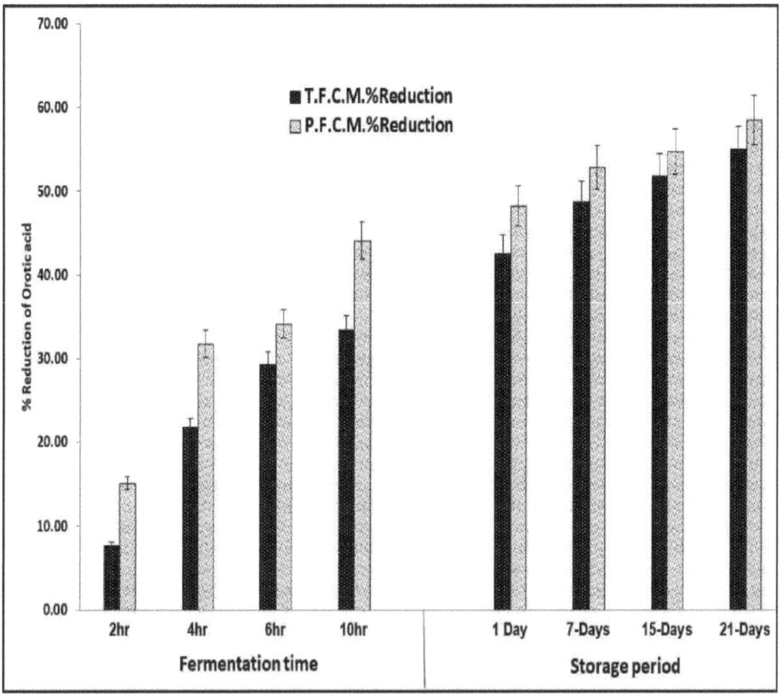

Fig (3): O efeito da fermentação do leite de camelo e da armazenagem a frio na redução do ácido orótico.

T.F.C.M.= Leite de camelo fermentado tradicional; P.F.C.M.= Leite de camelo fermentado probiótico

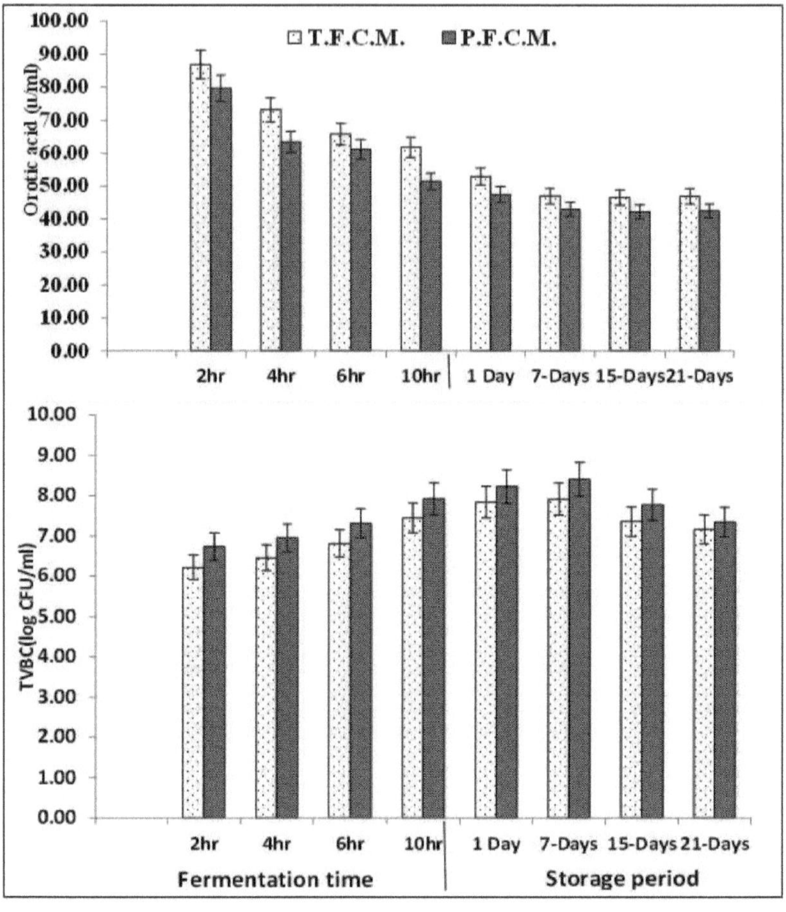

Fig (4): Contagem total de bactérias viáveis e ácido orótico durante a fermentação e armazenamento a frio

T.F.C.M.= Leite de camelo fermentado tradicional; P.F.C.M.= Leite de camelo fermentado probiótico

Conclusões

O presente estudo concluiu que os tratamentos de congelação não têm um efeito significativo na estabilidade do ácido orótico durante o armazenamento; no entanto, os tratamentos térmicos melhoram a qualidade microbiana do leite de camelo, o pH, a acidez e a estabilidade do ácido orótico. O melhor tratamento térmico foi encontrado para ser o leite de camelo a 80 °C/20 seg, com menor redução do ácido orótico e estabilidade durante o armazenamento. O ácido orótico melhora o crescimento de culturas iniciais (bactérias do ácido lático e probióticos), diminui a concentração de ácido orótico e aumenta a redução por bactérias probióticas.

REFERÊNCIAS

1. Gader, A. G. M. A., & Alhaider, A. A. As propriedades medicinais únicas dos produtos de camelo: A review of the scientific evidence. Jornal de ciências médicas da universidade de taibah, **11**(2), 98-103https://doi.org/10.1016/j. jtumed.2015.12.007(2016).
2. Yadav, A. K., Kumar, R., Priyadarshini, L., & Singh, J. Composição e propriedades medicinais do leite de camelo: A Review. Asian J.Dairy and Food Research, **34** (2), 83-91 (2015).
3. Li, H., & Papadopoulos, V. Função do recetor de benzodiazepina do tipo periférico no transporte de colesterol. Identificação de uma sequência de aminoácidos de reconhecimento/interação com o colesterol e de um padrão de consenso. Endocrinology, **139**,4991e4997(1998).
4. Seelig, A., & Seelig, J. Interação de fármacos e péptidos com a membrana lipídica. Em T. Schwartz, S. A. Hijorth, & J. Sandolm Kastrup (Eds.), Alfred Benzon Symposium 39: Structure and function of 7Tm receptors (pp. 184-193). Copenhaga: Muntsgaard (1996).
5. Mohammadabadi, T.. O leite de camelo como um remédio fantástico para complicações de saúde: uma revisão. Basrah J. Agric.Sci., **33**(2), 125-137 https:// doi.org/ 10.37077/ 25200860. 2020.33.2.11 (2020).
6. Swelum, A. A., El-Saadony, M. T., Abdo, M., Ombarak, R. A., Hussein, E. O., Suliman, G., ... & Abd El-Hack, M. E. Propriedades nutricionais, antimicrobianas e medicinais do leite de camelo: A review. Saudi Journal of Biological Sciences, **28**(5), 3126-3136 https://doi.org/10.1016/j.sjbs.2021.02.057(2021).
7. Seifu, E.. Avanços recentes no leite de camelo: Benefícios nutricionais e para a saúde e implicações para o processamento - uma revisão.

AIMS Agricultura e Alimentação, **7**(4), 777-804 (2022). DOI: 10.3934/agrfood.2022048

8. Haddadin, M. S., Gammoh, S. I., & Robinson, R. K. (2008). Variações sazonais na composição química do leite de camelo na Jordânia. *J.Dairy Research, 75*(1), 8-12. http://doi.org/10.1017/S0022029907002750(2008).
9. Gil, A., & Sanchez-Medina, F. Nucleótidos solúveis em ácido dos leites de vaca, cabra e ovelha, em diferentes fases da lactação. Journal of Dairy Research, **48**(1), 35-44(1981).
10. Karatas, F., Aydin, S., Kaygusuzoglu, E., Yildiz, H., Erulas, F. A., & Ozkan, Y. Ghrelin and orotic acid increased in subclinical mastitis. Archives of physiology and biochemistry, **114**(3), 178182(2008).
11. Jesse, B. W, Anderson, C. R., & Robinson, J. L. Orotato do Leite Bovino: Differences between Cows and Changes during Lactation (Diferenças entre vacas e mudanças durante a lactação). *Journal of Dairy Science,* **63**(2), 235-242. https://doi.org/10.3168/jds.s0022-0302(80)82919-5(2010)
12. Durschlag, R. P, & Robinson, J. L. Species specificity in the metabolic consequences of orotic acid consumption. *The Journal of nutrition,* **110**(4), 822-828(1980).
13. Chen, M.-H., & Larson, B. Pyrimidine synthesis pathway enzymes and orotic acid in bovine mammary tissue. *J. dairy sci.,* **54**(6), 842846(1971).
14. Robinson. J. L., e D. B. Dombrowski. Efeito da ingestão de ácido orótico nos parâmetros urinários e sanguíneos em humanos. Nutr. Res. **3**:407(1983).
15. Korycka-Dahl, M., Richardson, T., Amundson, C. H., & Allen, J. R. Ausência de fígados gordos em macacos Rhesus alimentados com

ácido orótico. *J. Dairy Sci.,* **62**(11), 1801-1803(1979).

16. Hadj, A., Pepe, S., Marasco, S., & Rosenfeldt, F. The principles of metabolic therapy for heart disease. Heart Lung & Circulation, **12,** S55-S62(2003).
17. Pôrto, L. C. J., de Castro, C. H., Savergnini, S. S. Q., Santos, S. H. S., Ferreira, A. V. M., de Souza Cordeiro, L. M., ... & Botion, L. M. Melhoria do fornecimento de energia e da função contrátil em corações de ratos normais e isquêmicos pelo ácido orótico dietético. Ciências da vida, **90**(13-14), 476-483(2012).
18. Fushimura, Y, Hoshino, A., Furukawa, S., Nakagawa, T., Hino, T., Taminishi, S., ... & Matoba, S. O ácido orótico protege a célula β pancreática por inativação de p53 no modelo de rato diabético. *Comunicações de pesquisa bioquímica e biofísica, **585**,* 191-195. doi: 10.1016 / j.bbrc.2021.10.060. (2021).
19. Deeth, H. C., & Tamime, A. Y. Yogurt: nutritive and therapeutic aspects. Journal of food protection, **44**(1), 78-86(1981).
20. Alm, L. Effect of fermentation on B-vitamin content of milk in Sweden (Efeito da fermentação no teor de vitamina B do leite na Suécia). Journal of Dairy Science, **65**(3), 353-359(1982).
21. Navder, K. P., Fryer, E. B., & Fryer, H. C. Effects of skim milk, skim milk yogurt, orotic acid, and uric acid on lipid metabolism in rats. The Journal of Nutritional Biochemistry, **1**(12), 640-646(1990).
22. Saidi, B., & Warthesen, J. J. Análise e estabilidade do ácido orótico no leite. *J. Dairy Sci., 72*(11), 2900-2905. (1989).
23. Larson, B. L., & Hegarty, H. M. O ácido orótico em leites de várias espécies e produtos lácteos comerciais. Journal of Dairy Science, **62**(10), 1641-1644(1979). Suzuki, I., Kato, S., Kitada, T., Yano, N., & Morichi, T. Growth of

24. Lactobacillus bulgaricus no leite. 2. Caraterísticas dos nucleótidos de purina, nucleótidos de pirimidina e síntese de ácidos nucleicos. *J. dairy sci.*, *69*(4), 971-978. https://doi.org/10.3168/jds.S0022-0302(86)80490-8(1986).

25. Ferreira, I. M. P. L. V. O. Quantificação do azoto não proteico componentes das fórmulas para lactentes e leites de transição: comparação com o leite de vaca e humano. British Journal of Nutrition, **90**(1), 127133(2003).

26. Kavaz, A., & Bakirci, I. Influência da adição de inulina e de soro de leite em pó desmineralizado nos perfis de ácidos orgânicos de iogurtes probióticos. Int. J. Dairy Technology, **67**(4), 577-583(2014).

27. AOAC (Association of Official Analytical Chemists) Métodos Oficiais de Análise. 18ª ed., Benjamin Franklin Station, Washington, D.C., EUA (2007).

28. Güler, Z. Perfis de ácido orgânico e compostos voláteis em queijos de tipo ácido contendo ervas e especiarias (queijo surk). *Int.J. Food Properties,* **17**(6), 1379-1392(2014).

29. Associação Americana de Saúde Pública, Inc. Standard methods for thr examination of dairy products, **14**th ed., American Public Health,Washington,DC(1978). American Public Health,Washington,DC(1978).

30. Akalin, AS. And Gonc, S:The determination of orotic acid in rumiant milk using HPLC.Milchwissenschaft,**51**(10)554-556 (1996).

31. Ahmed, A. A., Porter, G. A., & McCarthy, R. D. Isolamento, quantificação e origem biossintética do ácido orótico no leite. Journal of Dairy Science, **61**(1), 39-43 (1978).

32. Motyl, T., Krzeminski, J., Podgurniak, M., Witeszczak, C., & Zochowski, P. Variabilidade da concentração de ácido orótico no leite

de vaca. Endocrine regulations, **25**(1-2), 79-82(1991).

33. Izco, J. M., Tormo, M., & Jiménez-Flores, R. Determinação rápida e simultânea de ácidos orgânicos, aminoácidos livres e lactose em queijo por eletroforese capilar. J. Dairy Sci., **85**(9), 2122-2129(2002).
34. Califano, A. N., & Bevilacqua, A. E. Congelamento de queijo Mozzarella de baixa humidade: alterações no conteúdo de ácido orgânico. Food Chemistry, **64**(2), 193- 198(1999).
35. Shuiep, E. S., Giambra, I. J., El Zubeir, I. E. M., Erhardt, G., Caracterização bioquímica e molecular de polimorfismos em s1-caseína no leite de camelo sudanês (Camelus dromedaries). International Dairy Journal, **28** (2), 88-93 (2013).
36. Farah, Z., Rüegg, M. W., The size distribution of casein micelles in camel milk. Food Microstructure, **8**, 211-216(1989).
37. Masud, T., Sultana, K., & Shah, M. A. Incidence of lactic acid bacteria isolated from indigenous dahi. Asian-Australasian J. Animal Sci., **4**(4), 329-331(1991).
38. Eissa, E. A., Ahmed, I. M., Yagoub, A. E. A., & Babiker, E. E. Caraterísticas físico-químicas, microbiológicas e sensoriais do iogurte produzido a partir de leite de cabra. Livestock Research for Rural Development, **22**(8), 247-253(2010).
39. Eissa, E. A., Yagoub, A. E. A, Babiker, E. E, Ahmed, I. A. M. Caraterísticas físico-químicas, microbiológicas e sensoriais do iogurte produzido a partir de leite de camelo durante o armazenamento. Revista eletrónica de química ambiental, agrícola e alimentar (EJEAFChe), **10**(6), 2305-2313(2011)
40. Güzel-Seydim, Z. B., Seydim, A. C., Greene, A. K., & Bodine, A. B.. Determinação de ácidos orgânicos e substâncias aromáticas voláteis no kefir durante a fermentação. J.Food composition and Analysis,

13(1), 35-43 (2000)

41. Marsili, R., Ostapenko, H., Simmons, R., & Green, D.. High performance liquid chromatographic determination of organic acids in dairy products. *J. food sci.*, ***46(1),*** 52-57(1981)
42. Fernandez-Garcia, E., & McGregor, J. U. Determinação de ácidos orgânicos durante a fermentação e armazenamento a frio de iogurte. *J.Dairy Sci,* **77**(10), 2934-2939 (1994).
43. Zare F, Champagne CP, Simpson BK, Orsat V, Boye JI. Efeito da adição de ingredientes de leguminosas ao leite na produção de ácido por culturas probióticas e de arranque de iogurte. Lebenson Wiss Technol **45**(2): 155-60 (2012).
44. Nguyen, H. T. H., Ong, L., Lefèvre, C., Kentish, S. E., & Gras, S. L. A microestrutura e as propriedades físico-químicas do iogurte probiótico de búfala durante a fermentação e armazenamento: uma comparação com o iogurte bovino. Tecnologia de Alimentos e Bioprocessos, **7**, 937-953(2014).
45. Kneifel, W., Kaufmann, M., Fleischer, A., & Ulberth, F. Screening of commercially available mesophilic dairy starter cultures: biochemical, sensory, and microbiological properties. *J. dairy sci., **75***(11), 31583166 (1992).

More Books!

yes

I want morebooks!

Buy your books fast and straightforward online - at one of world's fastest growing online book stores! Environmentally sound due to Print-on-Demand technologies.

Buy your books online at

www.morebooks.shop

Compre os seus livros mais rápido e diretamente na internet, em uma das livrarias on-line com o maior crescimento no mundo! Produção que protege o meio ambiente através das tecnologias de impressão sob demanda.

Compre os seus livros on-line em

www.morebooks.shop

info@omniscriptum.com
www.omniscriptum.com

OMNIScriptum

MIX
Papier aus verantwortungsvollen Quellen
Paper from responsible sources
FSC® C105338

Printed by Books on Demand GmbH, Norderstedt / Germany